개정판

CHINESE CUISINE

맛있는 중국 요리

이무형 · 하헌수 지음

교문사

책을 내면서 중국의 경제성장에 따른 삶의 질적 향상으로 다양한 문화적 욕구를 추구하게 되면서 외식산업에서 중국요리의 비중이 날로 커지고 있다.

중국의 음식문화는 풍부하고 다채로우며, 지리환경, 역사, 여러 민족 등의 각종 요소와 불가분의 관계에 있다. 또한 단순히 맛만을 추구하기보다는 맛보다 더 깊은 의미, 즉 인체의 건강을 생각하는 양생(養生)의 의미를 내포하고 있다. 건강에 영향을 주는 가장 기본적인 요소가 바로 음식인 것이다.

중국음식은 단순한 먹거리 이상의 의미를 담고 있고 이미 우리의 식생활에도 많은 영향을 주고 있다. 길거리에서 눈에 띄는 것이 모두 중국음식점이라고 해도 과언이 아닐 정도이지만, 우리는 중국음식을 애용하는 것에 비해 중국음식에 대해 잘 안다고 말할 수는 없다. 이번 기회에 중국의 음식과 문화에 대해서 여러 가지를 배워 중국음식을 정확하게 향유할 수 있는 기회를 만들었으면 좋겠다.

이 책은 중국음식은 단순한 먹거리 이상의 의미를 담고 있고 이미 우리의 식생활에도 많은 영향을 주고 있다. 길거리에서 눈에 띄는 것이 모두 중국음식점이라고 해도 과언이 아닐 정도이지만, 우리는 중국음식을 애용하는 것에 비해 잘 안다고 말할 수는 없다.

이 책은 중국요리의 역사와 문화, 조리방법과 기술, 식품재료를 다루고 있다. 또한 호텔 현장 교육의 경험을 바탕으로 실무 이론과 중식조리기능사 자격시험의 기본이 되는 조리방법을 제시하고 있어 자격증을 준비하거나 조리를 공부하는 이들에게 큰 도움이 될 것이다.

끝으로 이 책이 나오기까지 격려하고 도와주신 교문사 류제동 사장님과 이진석 상무님 이하 직원 모든 분들께 감사드린다. 그리고 요리의 스타일링을 책임지고 고생하신 서울현대전문학교 학과장 형도윤 교수님께 진심으로 감사드린다.

2015년 2월
저자 일동

Part 1 중국요리에 대한 이해

1장 중국요리의 개요

2장 중국요리의 조리방법과 기술

Part 2 중국조리기능사 실기

 ## Part 3 호텔식 중국요리

1. 냉채류

2. 두채류

3. 육류 · 가금류

4. 해물류

5. 잡품류

6. 면점류

Part 4 부 록

Part 1

중국요리에 대한 이해

1_중국요리의 개요

음식은 본래 먹는 음식인 식食과 마시는 음료인 음飮, 두 가지를 가리키며 이는 인간의 기본적인 생존에 필요한 물질재료를 가리킨다. 이로 인하여 음식은 기본적으로 생리적인 요구를 충족시킬 뿐 아니라 그것을 먹는 사람들의 문화적 정서를 내포하고 있어서 일정 부분 사람들의 정서적 요구를 만족시켜 주기도 하며, 지리적, 역사적, 종교적, 문화적 사상에 영향을 받는다.

이런 의미에서 중국음식문화를 살펴보면 중국음식은 광대한 영토와 많은 소수민족, 다양한 기후를 배경으로 형성되어 지역적인 특색이 매우 강하다. 이런 지역적 특색에 따른 조리법이나 음식종류는 세계 어느 나라와도 비교할 수 없을 만큼 다양하고 독특하다.

중국음식문화의 형성과정에서 영향을 끼친 주요 사상은 다음과 같다. 약식동원의 개념으로 풀이되는 음양오행사상, 음식의 형태와 절제 속에 배려를 중시하는 유교사상, 살생을 금지하는 불교적 관점에서 발전한 채소요리, 현세에서의 건강과 안전, 행복을 갈망하며 이를 추구하기 위해서 실행했던 여러 가지 방법들을 집약시킨 도교사상이 있다.

중국음식을 기후적, 지리적 관점에서 살펴보면 장강, 황하강을 중심으로 화남, 화북의 음식문화가 다르게 발달했고 동쪽 연해지역과 서쪽 내륙지역의 음식문화가 다르게 발달했다. 이런 견해에서 중국의 음식 체계를 8대 또는 10대 음식으로 나누기도 하나 기본적으로는 4대 요리를 나눈다.

지리적, 종교적, 정치적, 기후적, 경제적 영향을 받고 형성된 중국요리는 한국의 음식문화와 밀접한 관계를 맺고 있다. 중국은 한국과 정치적, 경제적으로 연관성을 갖고 있는 역사적 지리적 이웃이기 때문이다. 공통의 시간과 공간 속에서 서로 나눈 양국의 문화접변의 영향은 중국과 한국의 음식문화에서도 찾아볼 수 있다. 양국에 지대한 영향을 미친 음식문화의 주된 경로는 국가에서 관여하는 관무역을 통해 형성된 경우와 개인이 주관하는 사무역을 통해 형성된 경우가 있다. 관무역과 사무역을 통해서 형성된 문화적 접변은 특히 조선 말로 진입하면서 커다란 전기를 맞이하게 된다. 고종 19년(1882년) 6월 9일 일본의 영향으로 조선에서 임오군란이 일어난다. 이로 인하여 청나라는 조선을 돕는다는 명목하에 광동성 수사제독인 오장경五長慶과 3000여 명을 태운 군함 3척과, 상선 2척에 동승한 40여 명의 군상을 파견하였다. 당시 청군과 함께 조선에 온 군상 수는 40여 명이었다. 이 군상으로 중국음식이 조선사회에 직접적으로 영향을 미치는 계기가 되었다. 또한 기록상으로 볼 때 이 40명의 군상이 한국 화교의 시작이라 할 수 있다. 그 후 화교들은 점차 전국 방방곡곡으로 퍼져나가 상행위와 노동행위를 통해 한국인 사회 속을 파고들어갔다. 그 이후 화교들은 무역업, 농업, 외식업 등 다양한 분야로 진출하였다.

그 중에서 외식업에 진출한 화교들에 의해 중국음식이 본격적으로 전파되었다. 초창기에는 같은 화교들을 대상으로 음식을 판매하다가 점차 발전하면서 한국인을 대상으로까지 범위가 확대되었다. 그 후 중국과의 인적, 물적, 사회적 교류가 활발해지면서 현재 양국은 정치, 경제, 문화적으로 매우 돈독한 유대관계를 맺고 있다.

이상의 과정에서 살펴보듯이 중국음식은 화교의 부침과 더불어 110년 이상 한국의 음식문화에 커다란 영향을 끼쳤다. 따라서 음식문화 측면에서 중국문화와 중국음식의 대한 폭넓은 접근과 연구가 필요하고 또한 중국음식문화에 대한 이해를 통해 음식문화에 대한 탄탄한 기반을 다질 필요가 있다.

이 책에서는 중국음식문화, 중식조리기능사 실기, 고급중국요리 등 다양한 내용에 대해서 다루고자 한다.

중국음식문화와 사상

먹는 것은 단순히 생존의 기본 욕구가 아닌 정치적政治的, 종교적宗敎的, 사회적社會的, 문화적文化的, 경제적經濟的 요소들에 의해 영향을 받는다.

특히 중국의 전통사상은 중국의 음식문화를 형성하는 데 지대한 영향을 미친다. 음양오행사상은 중국음식문화의 근간을 불교佛敎사상은 중국의 채식문화에 커다란 공헌을, 도교道敎사상은 중국인의 균형적인 식생활문화를, 유교儒敎사상은 음식의 절제를 중시하는 예절을 가르쳤다.

음양오행사상陰陽五行思想

중국인의 논리와 사고를 지배하는 중요한 사상 중 하나는 음양陰陽사상은 우주 만물은 양陽과 음陰이라는 상반되는 원리의 작용에 의해 형성되었다는 생각이며, 오행五行사상은 인간의 모든 작용은 수, 화, 목, 금, 토水, 火, 木, 金, 土로 구성되어 있다고 보는 것이다. 이 두 사상은 따로 형성되었으나 한대 이후 결합되어 중국의 여러 분야에서 영향을 미치고 특히 음식 부분에 많은 영향을 끼쳤다.

음양론陰陽論에서 양은 열, 밝음, 능동성 등의 성질을 띠고, 음은 냉, 어두움, 피동성 등의 성질을 띤다. 이러한 영향으로 중국인들은 육류에 양의 성질, 곡류에 음의 성질이 있다고 생각했고, 주식인 밥은 양의 개념, 부식인 반찬은 음의 개념으로 사용했다.

오행사상론五行思想論은 음식에도 적용되어 오곡五穀(기장, 보리, 조, 콩, 마), 오축五畜(양, 돼지, 닭, 소, 개), 오미五味(신맛, 쓴맛, 짠맛, 매운맛), 오향五香(산초향, 붓순향, 계피향, 꽃봉오리향, 회향풀향)으로 구분하며, 인체의 장부 역시 다섯 가지로 나누었다. 봄에는 신맛, 여름에는 쓴맛, 가을에는 매운맛, 겨울에는 짠맛을 많이 먹는 것도 오행사상의 영향이라 볼 수 있다.

또한 중국인들은 신체를 우주의 축소판이라 생각하고, 우주 자연이 음양과 오행의 조화와 흐름에 의해 이루어지듯이 인간 역시 음양과 오행에 걸맞은 음식을 섭취해야 건강한 생활을 유지할 수 있다고 생각한다.

유교사상儒敎思想

중국사상을 대표하는 유교에서는 인간과 인간의 관계뿐만 아니라 일상 행동거지에서도 형식과 예절을 중시한다. 음식을 먹는 차례, 식탁에서의 위치, 각종 음식예절, 식사 중 들을 수 있는 음악 등을 정해 놓고 이것을 지키기를 요구했다. 이것은 유교의 핵심인 인仁, 의義, 예禮를 통한 민본정치의 달성에 있었다.

중국인들은 식탁에서는 말을 많이 하면 버릇이 없고 예의에 어긋난다고 생각하여 어른들과 함께 하는 식사에서는 어떤 소리, 어떤 말도 필요 없이 엄숙함을 유지해야 한다. 이는 공자의 "식불어食不語, 침불언寢不言", 즉 "밥 먹 먹을 때와 잠자리에서는 말을 하지 않아야 한다."라는 가르침에 따른 것이다.

식욕食慾이나 성욕性慾과 같은 인간의 본능本能을 감추고 극복해야 한다는 유교의 사상이 식사예절에 많은 부분을 차지한다. 음식을 지나치게 탐해도 예의에 어긋나며, 함께 식사를 할 때 마지막까지 상에 남아 있는 사람은 식탐을 하는 무례한 자로 주목되었다. 이것 또한 유교의 영향이라고 볼 수 있다.

불교사상 佛敎思想

동한東漢제 영평 10년(서기 67년)부터 중국에 전파되기 시작한 불교는 중국의 음식문화에 지대한 영향을 미쳤다.

인과응보因果應報와 생사윤회生死輪回를 강조하고 살생殺生을 죄악시하는 불교는 육식肉食을 멀리하고, 특히 남조南朝 무제가 육식肉食은 곧 살생이므로 계율을 위반하는 것이라 규정하였다. 이러한 영향은 점차 육식을 기피하고 채식菜食 위주의 생활을 하게 하였다. 이런 채식 위주의 식생활은 식용채소 개발과 다양한 채소 조리법의 발전을 가져왔다.

일례로 콩으로 만든 두부요리는 지금도 수십 가지에 달하며 죽을 비롯하여 면류나 빵과 같은 밀가루를 이용한 음식도 수를 헤아릴 수 없을 정도로 많은데, 이러한 음식들 대부분이 불교의 영향을 받은 것들이다.

음력 12월 8일 석가모니 성불을 기념하는 납팔절 행사에는 납팥죽이라는 음식을 먹는 풍속이 있다. 납팥죽은 쌀, 콩, 과일 등 여러 가지 재료를 넣어 만든 것으로 부처와 조사에게 바치고 이웃과 친척끼리 나누어 먹으면서, 오곡의 풍성함을 기원하는 풍습으로 전해져 오고 있다.

이처럼 불교는 모든 생명에 대한 인간적 자비와 사랑 및 동정의 견지에서 더욱 의미가 있으며, 이는 음식문화에 커다란 영향을 끼쳤다.

도교사상 道敎思想

중국 고유의 종교이자 사상인 도교에는 신선사상神仙思想, 불사사상, 노장사상老莊思想, 음양오행사상, 예언사상, 점복占卜 등이 결합되어 있다.

이처럼 현세에서의 건강과 안정, 행복을 추구하는 여러 가지 방안이 도교 속에 집약되어 있다. 그래서 도교를 가장 중국적인 종교라고 할 수 있으며, 도교와 도가는 서로 다른 관념을 가지고 시작되었지만 후에 발전과정에서 서로 융합되기도 하였다.

도교에서 장생불사를 위해 제시하는 방법은 크게 내단內丹과 외단外丹으로 나누어진다.

내단에 속하는 것으로는 호흡법呼吸法, 체조법體操法 등으로 스스로 신체를 단련시켜 장생불사長生不死하려는 것이고, 외단에 속하는 것은 음식이나 약물을 통해 영원불사하는 방법으로 약물을 복용하는 복이服餌와 곡기를 끊는 벽곡辟穀이라는 방법이 있다.

도교에서 불사의 약으로 생각되었던 것이 금단金丹이며 이 금단을 만드는 방법이 연금술鍊金術이다. 송대 이후 도교는 장생불사를 위해 기氣를 모으고 유지하는 호흡법을 발달시켰다. 그러나 음식은 이 기를 파괴한다고 생각하였으며, 장생불사長生不死를 위한 최상의 방법은 아무 음식도 먹지 않고 기를 먹고 사는 것이라고 하였다.

이처럼 도교는 유교의 형식주의와 심리적 압박감을 느끼던 중국인들에게 자유로움과 낭만을 선사했다. 특히 이백의 시 작품에 나타나는 자연 풍경은, 도교가 꿈꾸는 무릉도원의 전경으로 중국인들의 이상향을 알 수 있다.

중국의 지역별 음식문화

중국은 광활한 영토堂土를 가지고 있어 지역마다 기후氣候, 토양土壤이 달라 생산되는 산물産物이 다르며, 한족을 포함한 56개 민족民族으로 이루어진 다민족多民族 국가로 음식문화 역시 민족별, 지역별로 다르다. 그리하여 요리料理의 종류, 만드는 방법方法 등이 다양多樣하였고, 4000년의 역사歷史 속에서 이민족과 한족의 융합融合 속에서 발전을 거듭하였다.

이러한 연유로 각각의 식품재료食品材料, 조리기술調理技術, 풍미와 특징이 형성形成되었다. 하지만 이러한 차이점 속에서 경제經濟, 지리地理, 사회社會, 문화文化, 종교宗敎, 정치政治 등 지방 간의 상호영향으로 약간씩의 공통점共通點이 생겨났고 그것이 지역특성에 맞게 요리계통料理系統을 형성하였다.

이는 크게 장강과 황하강을 기준으로 화남和南과 화북化北으로 분리되고, 동해연안지역과 장강 상류인 서쪽내륙지역으로 나뉘어 지역의 특성에 맞게 음식문화가 발달하였다. 이것을 지역적으로 분리하면 수도인 북경北京을 중심으로 궁중요리가 발달한 산동요리山東料理, 사천성四川城을 중심으로 산악지대의 풍토에 영향을 받은 사천요리四川料理, 양쯔강 하류의 평야지대를 중심으로 발달한 강소요리江蘇料理, 광동성廣東城을 중심으로 남쪽 지방에서 발달한 광동요리廣東料理이다. 이처럼 중국요리는 지역적으로 분류하며 4대 계통으로 나눈다.

그림 1-1 중국의 지역

산동요리 山東料理

북쪽지역 기후는 봄에는 건조하고 황사바람이 심하다. 여름에는 고온다습한 기후를 보이며, 가을의 기후는 상쾌하다. 하지만 짧은 가을이 지나가면 춥고 건조한 날씨로 봄이 오기까지 길다. 이러한 연유로 북방의 대표적인 작물은 수수, 귀리, 보리, 밀, 조 같은 잡곡이 재배되었고, 음식 또한 분식이 발달하였다.

산동지역의 대표적인 도시인 북경北京은 역사적으로 유명한 도시로 원나라 이후 중국의 정치政治, 경제經濟, 문화文化의 중심이었다. 즉, 친, 명, 청의 수도로 600년 동안 음식문화의 중심 역할을 했다. 이러한 특수 조건으로 한족漢族, 몽고족蒙古族, 만주족滿洲族, 회족回族의 조리기술을 종합적으로 갖추게 되었다.

산동요리는 고온에서 단시간 조리하는 볶음과 튀김 요리料理가 많으며, 요리 본연의 맛을 살리는 데 중점을 두는 것이 특징이다. 신선하고 짠맛을 주된 맛으로 삼으며 현재의 산동요리는 제남채, 교동채, 곡부채로 나눈다.

제남요리濟南菜

제남요리는 산동성 서부에 위치하며, 황하에 접한 비옥한 평원 지대인 지난 시(리청 구)를 발상지로 하고 있다. 폭爆, 소燒, 배扒, 작炸, 초炒 등의 조리법으로 진한 맛이 특징이다.

교동요리膠東菜

교동요리는 산둥 반도 북부와 중부에 위치한 교동지방의 복산福山(현재의 옌타이 시 푸샨 구)을 발상지로 한다. 바다와 접하고 있어서 생선과 어패류 등의 식재가 사용되며 음식의 맛은 식품재료의 특징을 살려 담백하다.

곡부요리孔府菜

곡부요리는 공자가家 가 있는 취푸 시 부근에서 독자적으로 발달한 특수한 요리로, 역대 제왕이 공자를 위한 제전에 바치기 위한 요리에서 발전하여, 대단히 정교한 음식으로 유명하다. 이처럼 산동요리는 지역적으로는 제남濟南과 교동膠東반도를 포함하고 있으며, 유명요리有名料理로는 총소해삼, 청탕연와, 구전대장, 베이징덕, 카오양러우, 면류, 교자, 만두 등이 있다.

북경고압北京烤鴨

중국에는 대표적인 오리요리가 두 종류가 있다. 그 중 하나는 소금물에 절인 오리찜, 즉 염수압(鹽水鴨)이라 불리는 남경지방의 전통요리이다. 남경의 오리는 송나라 때부터 그 명성이 자자했을 만큼 맛있다고 한다. 또 하나는 북경고압(베이징 카오야)이다. 이 요리에 사용하는 오리의 사육방법은 부화한 후 50일이 지나면 오리를 어둡고 좁은 곳에 집어넣어 강제로 먹이를 주는 것이다. 약 반달 동안 먹이면 과잉섭취와 운동부족으로 2배로 자라난다. 이 오리의 깃털과 물갈퀴, 내장을 빼고 껍질과 살 사이에 공기를 넣어 부풀어 오르게 한 후, 몸 표면에 엿을 발라서 햇볕에 쪼인 다음 아궁이에서 표면이 다갈색이 될 때까지 굽는다. 먹을 때는 얇은 밀전병에 얇게 벗겨낸 껍질, 채 친 파와 양념을 춘장과 함께 싸서 먹는다.

사천요리 四川料理

사천지역은 양자강의 상류로 평야가 형성되어 있으며 그 주변은 산악지역으로 둘러싸여 있는 분지형태이다. 이러한 연유로 사천성(四川省)의 기후는 한대에서 열대까지 지역별로 나타나고, 겨울은 춥고 건조하며, 여름은 42℃가 넘는 경우도 있다. 지리적(地理的)으로 보면 사천은 황하와 장강의 중간에 위치하고 있다. 따라서 중국 서부지방에 걸쳐 남북교통의 주통로로, 남부 문명의 합류점이 되었다. 또 이 지역은 티베트 고원에서 평야로 향하는 중간 지점에 해당된다. 이는 사천이 유목민족과 농경민족과의 융합지인 것을 의미한다. 그리하여 사천은 중경(中京)에서 멀리 떨어져 있다고는 하지만 고대부터 각지의 다양한 사람이 빈빈히 출입했고, 중경문화의 강한 영향을 받으면서 중국의 남서지방에 걸쳐 정치(政治), 경제(經濟), 문화(文化)의 중심으로 번영했다. 따라서 사천요리는 풍미가 독특하여 백 가지 음식에 백 가지 맛이라는 백채백미(白菜百味)라는 별칭을 얻게 된다.

특히 청나라 때는 사천요리가 더욱 발전하여 『성도총람』에는 310가지에 달하는 사천요리가 기록되어 있다. 사천요리는 광동요리와 더불어 해외로 진출하여 중국요리를 대표하는 요리가 되었다.

사천요리는 바다가 멀고 더위와 추위의 차이가 심한 지방으로 이러한 기후적 한계를 극복하기 위하여 조미료가 발달하였으며, 보편적으로 술지게미, 두반장, 파, 생강, 마늘을 많이 사용한다. 또한 삼초(고추, 후추, 산초)를 많이 사용하여 맛이 진하고 기름기가 많은 편이다. 요리는 향도 진하고 얼얼하며 매운맛이 강하다. 이러한 연유로 소금에 절인 생선류, 말린 저장식품의 조리법이 발달하였다. 대표적인 사천요리로 간편우육사, 수자우육, 궁보계정, 마파두부, 산채어, 깐쇼샤, 짜사이 등이 있다.

마파두부麻婆豆腐

입안에 가득 퍼지는 얼얼한 매운맛, 뜨겁고 부드러워 사르르 녹는 감칠맛, 향긋하고 신선한 맛 등 다양한 맛을 골고루 갖춘 마파두부는 가장 대중적인 중국요리의 하나이다. 동네 중국음식점에도 밥에 마파두부를 끼얹은 마파두부밥이 있고, 슈퍼마켓에도 마파두부소스가 따로 판매될 만큼 인기가 있다.

이렇게 서민과 친근한 마파두부는 중국 청나라 때 처음 만들어졌다. 청나라 동치(同治)제 때 사천(四川)성 성도(成都) 북쪽 만복교(萬福橋) 근처에 사람들이 요기를 하며 쉬어 가는 작은 가게가 있었다.

가게 주인은 얼굴에 곰보 자국이 있는 여인이었는데, 남편의 성이 진(陣)씨인지라 사람들은 그녀를 진마파(陣麻婆)라고 불렀다. 이곳을 찾는 손님은 대부분 하층민으로 노동자들이었다. 이들 중에는 기름통을 메고 다니는 노역자들이 있었는데, 하루는 시장에서 두부 몇 모를 가져와 쇠고기 약간과 통 안의 기름을 조금 넣은 다음 진마파에게 음식을 만들어 달라고 부탁했다.

잘 먹지도 못하고 힘들게 일하는 노역자들을 안타깝게 여기던 진마파는 성의껏 음식을 만들었다. 소고기를 다져 기름에 순식간에 볶아내고 식욕을 돋우는 고추와 두시 등을 넣은 뒤 다시 육수와 두부를 넣고 조리했다.

이렇게 만든 요리는 노역자들 사이에서 엄청난 환영을 받았다. 마파두부는 입맛을 돋울 뿐 아니라 혈액순환을 좋게 하여 피로회복 효과가 있었다. 이 두부요리를 맛본 노역자들이 다니는 곳마다 입소문낸 덕에 진마파의 마파두부는 금방 유명해졌다. 진마파가 가게를 성 안에 열게 되자 더욱 많은 사람이 마파두부를 먹을 수 있게 되었다.

지금도 마파두부는 대표적인 사천요리로 꼽힌다. 재료를 구하기 쉽고 만들기도 간단해서 중국 일반 가정에서도 자주 해 먹는 가정요리로 자리잡았다.

강소요리 江蘇料理

강소지역은 비옥한 토양, 온화한 기후와 장장 하류의 농토에서 나는 식품재료를 사용하여 요리를 했으며, 19세기에는 서구열강의 침입과 서양음식문화의 영향을 받아 상하이를 중심으로 서구풍이 발전하여 동서양 사람들의 입맛에 맞도록 음식문화를 발전시켰다. 중국 중부에 위치한 남경南京, 상해, 소주, 양주 등 양자강 하구지역 요리의 총칭으로 일명 남경요리라고도 한다.

음식에 주로 사용하는 재료로 강이나 호수에서 생산되는 민물고기, 민물새우, 민물게, 민물장어 등의 민물재료와 바다에서 얻은 수산물을 많이 사용한다.

전체적으로 강소요리는 해산물을 즐겨 쓰고, 썰기가 섬세하며, 불의 세기와 가열시간을 중시

한다. 조리방법은 남경, 상해지역의 특산품인 장유와 설탕을 사용하여 재료 본래의 맛을 추구하는데, 맛은 짜면서도 달콤하며 푹 삶아 뼈를 발라낸 요리도 모양이 흐트러지지 않을 만큼 우아하고 아름답다.

대표적인 강소요리로는 모유선압, 동파육, 효육, 해분사자두, 창호미, 절회대어두, 연두장어, 수정효제, 설화계탕, 게유채심, 칭정다쟈세, 화초우샤런, 칭탕위완, 숭수줴위, 춘쥂, 양저우초판 등이 있다.

칭정다쟈세

상해의 유명요리로 장강중하류, 호수나 택지에서 살고 있는 게로 만든 요리이다. 게 본연의 깊은 맛을 이끌어 내는 데 중점을 둔 요리로, 색이 노랗고 고기가 맛있으며 영양도 풍부하여 게 요리가 상에 오르면 다른 요리들이 무색해진다고들 한다.

화초우샤런

민물새우의 껍질을 벗기고 장을 넣어 살짝 볶은 요리이다. 색이 아름답고 육질이 부드러우며, 맛이 상큼하고 담백하다. 그릇에 기름기나 즙이 없는 것이 특징이다.

칭탕위완

백련어(황어아과 민물고기)를 주재료로 만든 요리로 고기가 부드럽고 섬세하며, 수분이 많고 탄성이 강하다. 이 요리는 햄, 연근, 버섯, 완두싹으로 만든 국물과 부드럽고 깔끔한 맛으로 유명하다.

숭수줴위

싱싱한 쏘가리로 만든 것으로, 고기를 여러 가지 기술로 튀긴 후 육수를 부어 먹는 요리이다. 노랗고 붉은 색을 띠는 숭수줴위는 겉은 바삭하고 속은 부드러우며, 달콤한 맛과 신맛이 잘 어우러져 있다. 그릇에 담을 때는 머리와 꼬리를 들어서 다람쥐 모양으로 만들며, 육수를 부을 때 다람쥐 우는 소리가 난다.

춘쥔

중국의 계절 음식으로 강남과 강북에서 모두 만들기 때문에 종류가 다양하다. 소주, 항주 일대의 춘쥔이 가장 유명한데, 이 요리는 면에 계절 채소를 싸서 기름에 튀겨 만든다. 고대 중원에서는 입춘이면 춘쥔을 만드는 풍속이 있었으며, 만드는 법이 간단하고 맛이 독특하여 오늘까지 전해져 왔다.

양저우초판

주식인 쌀이 주재료이며, 먼저 입쌀을 찐 다음 햄, 달걀, 새우와 여러 가지 계절 채소를 같이 버무려 볶아서 만든다. 이 요리는 곁들이는 채소가 많아 양이 풍부하고 먹기가 간편하다. 또한 계절에 따라 넣는 채소가 다르기 때문에 맛이 다양하다.

동파로우

두껍게 썬 돼지삼겹살에 간장, 초, 술 등을 넣고 8시간 이상 삶아낸 요리로, 송대의 문인 소동파가 항저우杭州에서 벼슬살이를 할 때 직접 만들어 후세에 남긴 요리이다.

광동요리廣東料理

광동의 기후와 지세는 중국의 최남단에 위치하여, 북쪽으로는 대만과 거의 같은 위도에서 시작하여, 남쪽의 해남도는 필리핀의 북단에 위치한다. 이러한 연유로 광동의 전역이 아열대 또는 열대성 기후에 속한다.

광동요리는 광주, 조주, 동강 등의 지방음식들로 이루어졌으며, 재료의 특징은 신선함을 강조하며, 너구리, 원숭이 등 야생동물을 신선한 상태로 즐기며, 음식의 맛은 담백하면서, 신선하고, 부드러우면서, 시원한 맛을 강조하고, 기름기가 적다. 이 지역은 청나라 말기 서구열강에 의해 문호가 개방되면서 요리에 토마토케첩, 월계수잎 등 서양향신료와 채소를 많이 사용하는 편이다.

광동지역은 역대 왕조들의 귀족들이 공무를 순시하는 것은 물론이고 조정에서 잘못을 저지른 사람들이 좌천이나 귀향살이하는 지역으로 인식되어 왔다. 그리하여 이때 함께 따라온 요리사들이 북방 각지의 다양한 음식문화를 광동지역에 전했다.

이러한 역사적 배경 속에서 광동지역 요리사들은 중국 각 지방의 요리기술의 장점뿐 아니라 서양요리의 재료와 조리법도 받아들여 잘 융합한 이국적인 요리로 발전시키면서 광동요리를 더욱 풍부하게 했다.

대표적인 광동요리로는 철판전우류, 딤섬, 문창계, 동강염국계, 호유배생채, 고유저, 대량초
선내 등이 있다.

딤섬 DIMSUM

딤섬은 그 안에 담긴 정성스러운 맛과 멋이 "마음을 어루만지다."라는 뜻으로 "Touch Your Heart"라고
부른다. 약 200여 가지의 다채로운 맛과 모양의 딤섬은 1천년 전의 중국의 랴오닝에서 비롯된 음식으
로 오늘날 중국, 홍콩, 일본, 싱가폴 등 아시아권역은 물론, 미국, 캐나다 등의 북남미와 유럽 전역 등
지구촌에서 미식가들에 의해 널리 애용되고 있다.

알려진 바에 의하면 중국 고대 농경사회에서 농군들이 하루의 고된 농사일을 마치고 삼삼오오 모여
서 차를 즐기며 서로 담소하면서 하루의 피로를 풀었다고 한다. 이때 액체인 차만 마시는 것으로는 부
족하여 간단하게 즐길 수 있는 먹거리를 만든 것이 바로 딤섬의 유래이다.

딤섬은 點心의 광동식 발음이다. 중국 표준어로는 '디엔씬'이라고 하는데 우리나라에서 말하는 하루
세끼 중의 점심이 아니라 그 글자를 하나 하나 풀이하자면 마음에 점을 찍는다는 뜻이라 한다.

딤섬의 종류는 모양에 따라 크게 包(바오), 餃(지아오), 賣(마이)의 3가지로 나누며 조리방법에 따라
蒸[쟁(zeng), 찜요리], 煮[주우(zhu), 삶은 요리], 炸[자아(zha), 튀김요리], 烤[카오(kao), 구운 요리], 煎
[지엔(jian), 부침요리] 등으로 나눌 수 있다.

- 바오(包) : 말 그대로 감싼다는 뜻으로 우리네 왕만두(중국에서의 만두는 속에 아무런 소가 없는 순
  수 빵 그 자체를 말하는데, 중국에서 한국 만두를 생각하고 만두(만 토우)를 시키면 밀가루 빵만 먹게
  되니 유의해야 함)처럼 껍질이 두툼하고 대체로 둥글게 빚어서 감싼 형태의 딤섬을 총체적으로 일컫
  는다.
- 지아오(餃) : 외관상 바오는 투박하나 지아오는 아담하고, 바오와는 달리 어떤 것은 속 내용물이 훤히
  들여다 보이는 것도 있을 정도로 피(껍질)가 얇다. 끝마무리를 서로 맞물려 다문 형태의 딤섬이다.
- 마이(賣) : 바오와 지아오의 중간복합형으로 마치 하나의 수공예품을 연상하게 하는 미적 감각도 겸
  비하고 있다. 우리나라에서는 잘 볼 수 없는 종류로 윗부분이 꽃봉오리처럼 활짝 핀 형태와 윗부분은
  닫혔으나 갖가지 색상의 재료로 장식한 화려한 형태가 있다.

이외에도 편(fun, 粉)이라 하여 얇은 쌀가루 전병에 갖가지 소를 넣어 돌돌 말아 부친 형태의 딤섬도
있다.

전가복全家福

진시황 35년, 진시황은 유학자들의 학문과 사상을 온갖 방법으로 탄압했다. 당시 주현(朱賢)이란 유생이 있었는데, 그는 진시황의 모진 탄압을 피해 산속 동굴에서 숨어 지냈다. 낮에는 자고 밤에 일어나 생의 풀과 열매를 먹으며 은둔했다.

몇 년 뒤 진시황이 죽고 그의 아들 호해(胡亥)가 제위에 오르자 주현도 집으로 돌아갔다. 그러나 집에 당도한 그를 기다리고 있는 것은 다 허물어진 담벼락뿐이었다. 일년 전 큰 홍수가 나 주현의 아내와 자녀가 어디론가 피난을 간 것이었다. 주현은 상심한 나머지 죽을 마음으로 강물에 뛰어들었다. 마침 지나가던 어부가 우연히 그 장면을 목격하고 그를 구해주었고, 주현은 자신의 불행한 처지를 어부에게 털어놓았다. 그랬더니 어부가 말하기를, 작년 홍수 때 주(朱)씨 성을 가진 한 소년을 구해 준 적이 있는데, 그 소년이 성실하고 재주가 많은 것이 선비의 자식인 것 같다고 말하면서 소년이 살고 있는 곳을 가르쳐 주었다. 주현이 어부가 가르쳐준 곳을 찾아가 보니 과연 소년은 자신의 아들이었다.

그로부터 반년이 지난 어느 날, 길가에서 물고기를 팔고 있던 주현은 지나는 사람들 속에서 자기 아내를 발견했다. 뜻밖의 상봉에 두 사람은 기뻐서 어쩔 줄 몰랐다.

주현 가족은 마을 사람들을 불러 잔치를 열기로 했다. 특별 손님으로 초대받은 어부는 주현 일가를 위하여 솜씨 좋은 요리사를 초빙했고, 요리사는 천신만고 끝에 다시 만난 주현 일가를 축복하며 산해진미 좋은 재료로 심혈을 기울여 음식을 만들었다. 온 가족이 다 모이니 행복하다는 뜻에서 이 요리는 전가복이라는 이름을 얻게 되었으며, 중국 강남 일대의 전통 요리로 사랑받고 있다.

지금도 중국에서는 온 가족이 모여 찍은 가족 사진을 전가복이라고 하는데, 그것은 아마도 이 요리 이름에 담긴 좋은 뜻에서 비롯된 것이 아닌가 한다.

불도장佛跳牆

전하는 바에 따르면 불도장은 청나라 광서(光緖) 2년(1876) 복건성 복주의 한 관원이 포정사(布政司 : 명·청대 민정과 재정을 맡아보던 지방장관 주련(周蓮)을 집으로 초대하여 연회를 베풀 때 그의 부인이 직접 만든 요리라고 한다. 닭고기, 오리고기, 돼지고기, 돼지 위, 돼지 족발, 양고기 등 스무 가지가 넘는 재료를 소흥주 술항아리에 꽉꽉 채우고 약한 불에 오래 고아서 만든 요리다.

맛을 본 주련은 이 요리의 풍미에 감탄을 금치 못해 관원의 부인에게 요리비법을 가르쳐 줄 것을 청했다. 관가 요리사인 정춘발(政春發)은 원래 조리법을 응용하여 해산물을 많이 사용하는 대신 육유는 적게 사용하여 느끼함을 없애고 은은한 향과 부드러운 맛이 나게 했다. 이듬해 정춘발은 친구와 함께 취춘원(聚春園)이라는 음식점을 열어 이 요리를 상인들과 관료, 시인 묵객에게 선보이곤 했다. 그러던 어느 날 몇몇 고위 관리와 문인들이 음식점에 찾아와 연회를 열게 되었는데, 정춘발이 이 요리를 가져와 음식 항아리의 뚜껑을 열자 고기와 생선의 풍미가 진동하여 많은 사람들이 그 향기에 취했다. 한 고위관리가 요리의 이름을 묻기에 정춘발이 아직 정하지 못하였노라고 답변했더니, 연회에 참석한 누군가가 그 자리에서 다음과 같은 즉흥시를 지었다고 한다.

壜啓葷香飄四隣 佛聞棄禪跳牆來

항아리 뚜껑을 여니 그 향기가 사방에 진동하네

참선하던 스님도 이 향기를 맡고 담을 뛰어넘네.

이렇게 시를 읊조리니 그 자리에 있던 많은 고관과 문인이 듣고 시인의 기발함에 감탄을 금치 못했다. 이때부터 그 시를 간략하게 줄인 이름으로 이 요리를 불도장이라 부르게 되었다. 이 요리는 100년이 넘도록 지금까지 전해져 내려오고 있다.

이 요리는 먹는 방법 또한 특별하다. 완성된 항아리 안의 음식을 초대한 손님에게 모두 나누어 덜어낸 다음, 뜨거운 기름에 익힌 비둘기 알을 보기 좋게 장식한다. 숙주나물, 표고버섯, 콩껍질 볶음, 매운 겨자기름, 하얀 실빵과 참깨병을 곁들이면 그 맛이 일품이다.

중국요리의 역사적 배경

중화요리中華料理 하면 '1만 년의 역사'라는 수식어가 따라다닐 만큼 중국음식문화의 역사는 길다. 하지만 문화란 그 특성상 늘 변화무쌍하게 모습을 바꾼다. 음식문화 또한 예외가 아니다. 중국은 많은 민족이 한 지역에 공생하면서 한족과 이민족의 다른 문화가 격렬하게 교차하고 충돌해 온 곳으로 음식문화는 그 변화가 더욱 심했다. 잦은 국가의 교체와 함께 각각의 시대마다 서로 다른 민족이 중국의 땅을 지배했다. 임금이 바뀌는 변화가 생길 때마다 이민족과 한족漢族 사이에 서로 다른 문화의 흡수와 확산이 반복되었다. 그 속에서 사람들의 문화와 미풍양속이 바뀌고, 그에 따라 요리와 식습관도 변화를 겪게 된다.

표 1-1 연대별로 정리한 중국사

국 가			연 대
하(夏)			약 BC 21~16세기
상(商)			약 BC 16세기~1066년
주(周)	서주(西周)		약 BC 1066~771년
	동주(東周)		BC 770~256년
	춘추(春秋)		BC 770~403년
	전국(戰國)		BC 403~221년
진(秦)			BC 221~206년
한(漢)	서한(西漢)		BC 206~AD 23년
	동한(東漢)		25~220년
삼국(三國)	위(魏)		220~265년
	촉(蜀)		221~263년
	오(吳)		222~280년
진(晋) 16국(十六國)	서진(西晋)		265~316년
	동진(東晋)		317~419년
	16국(十六國)		304~439년
남북조(南北朝)	남조(南朝)	송(宋)	420~479년
		제(齊)	479~502년
		양(梁)	502~557년
		진(陳)	557~589년
	북조(北朝)	북위(北魏)	386~534년
		동위(東魏)	534~550년
		북제(北齊)	550~577년
		서위(西魏)	535~557년
		북주(北周)	557~581년
수(隋)			581~618년
당(唐)			618~907년
오대십국(五代十國)	후양(后梁)		907~923년
	후당(后唐)		923~936년
	후진(后晋)		936~946년
	후한(后漢)		947~950년
	후주(后周)		951~960년
	십국(十國)		902~979년

(계속)

국 가		연 대
송(宋)	북송(北宋)	960~1125년
	남송(南宋)	1127~1279년
요(遼)		907~1121년
서하(西夏)		1032~1227년
금(金)		1115~1234년
원(元)		1260~1370년
명(明)		1368~1644년
청(淸)		1636~1911년
중화민국(中華民國)		1912~1949년
중화인민공화국(中華人民共和國)		1949년 10월 1일 성립

태고太古

신화시대神化時代

고고자료에 의하면, 대략 100만 년 이전에 중국에는 이미 원시인류가 있었다. 운남성雲南省 원모元謀에서 발견된 원인 화석 '원모인元謀人'과 섬서성陝西省 남전藍田에서 발견된 원인 화석 '남전인藍田人'은 고고학적 자료에 의하면 대략 100만 년 전에 중국 최초의 원시인류가 존재하고 있다는 것을 나타낸다. 원모인은 '원모원인元謀猿人'이라고도 한다.

원시사회 말기에 황하유역 일대에 많은 부락이 분포되어 있었는데, 그 중에서 황제黃帝를 우두머리로 하는 부락이 비교적 강대하였으며 문화도 상대적으로 진보하였다. 황제黃帝는 후에 중화민족의 시조로 일컬어진다.

또한 중화요리의 시조를 살펴보면, 강소성 서주徐州에 가면 북문 근처에 팽조묘彭祖墓가 있다. 팽조는 전욱顓頊황제의 손자의 손자로서 요堯 임금에게 맛있는 음식을 올린 공으로 오늘의 서주인 팽彭의 제후로 봉해져 팽조로 불리게 되었는데, 이를 근거로 팽조를 요리의 시조로 보는 것이 가장 널리 알려져 있는 설이다.

서주西周(BC 1066~771년)에서 춘추春秋(BC 770~403년)시대

이 당시의 음식문화는 농경기술의 발달과 더불어, 복잡한 나라 사정으로 인하여 여러 학문이 융성하였으며, 특히 춘추春秋시대는 중국 문명의 기초가 되는 원형이 만들어진 중요한 시기였다.

이 시대 사회상을 사서삼경의 하나인 『시경詩經』의 가사내용에서 유추해 보면 백성들이 식용으로 사용했던 채소류와 생선류의 종류를 확인할 수 있다. 『논어論語』에 보면 이런 구절이 나온다. "밥은 정백한 것을 좋아하였고 회는 얇게 썬 것을 좋아하였다." 또 『한서漢書』 「동방삭전東方朔傳」에는 "생고기를 회라 한다." 그리고 『예기禮記』 「내측內側」에는 회에 쓰이는 향신료로 봄에는 파, 가을에는 겨자를 생고기에는 소금에 절인 채소를 사용한다고 하였다.

동물성 식품은 소, 말, 양, 돼지, 개 등이고 말고기는 특별한 때가 아니면 못 먹었다. 춘추시대 초기에는 지금의 만주 방면에서 대두가 들어 왔으며, 과일로는 복숭아, 오얏, 배, 감, 대추 등이 있었으며 복숭아는 수수깡으로 그 표피를 깎아서 털을 벗겨내고 먹었다.

서주나라 시대로 들어오면서 조리법이 더욱 발전하여 통돼지구이, 개의 간구이 등 여덟 가지 진귀한 요리八珍料理가 등장하는데 이때 황제의 음식을 돌보는 관리가 208명이고 일꾼만도 이천 명이 넘었다고 한다. 이 때문에 주나라 시대의 궁중연회를 팔진석八珍席이라고 했다.

조리도구로는 『춘추좌씨전春秋左氏傳』에서 식사를 손으로 했다는 내용이 있는 것으로 보아, 그 당시까지는 손으로 식사를 했고, 젓가락은 일반식사용이 아니었음을 짐작할 수 있다.

전국戰國(BC 403~221년)에서 진秦(BC 221~206년) · 한漢(BC 206~23년)

기원전 403년부터 진시황제가 천하를 통일한 기원전 221년까지를 전국시대라고 한다.

당시 식량으로 쓰인 곡물을 살펴보면 『논어論語』에는 오곡이 식량의 뜻으로 쓰이고 있는데, 이 오곡이 어떤 곡물을 가리키는지는 알 수 없다. 한대에는 오곡에 대한 두 가지 해석이 나왔는데, 『주례周禮』에서 오곡에 대해 정현鄭玄은 '삼, 기장, 직, 보리, 콩'이라고 주석을 달았고, 조기趙岐는 맹자孟子의 오곡을 '벼, 기장, 직, 보리, 콩'으로 설명했다. 이 둘을 합쳐도 식량의 종류는 6종이다.

전국시대에는 서역과의 교류로 여러 종류의 식품들이 수입된다. 서방계로 파나 마늘 등 향신료가, 남방계로 가지나 토란 등 채소류가, 유방이 세운 한漢시대에는 서방에서 서류, 포도 등 과채류가 들어왔고, 특히 요리에 중요하게 사용하는 참깨는 한나라 사람인 장건이 서역에서 가지고 왔다.

진나라가 중국을 통일한 후 봉건사회가 성숙되고 경제가 비약적으로 발전함에 따라 사람들의 음식생활과 조리기술도 진일보하여 철제 취사도구와 식물성 기름을 조리에 이용하게 되었다. 철기는 청동기에 비하여 고온에서도 잘 견디며, 가볍고 재료를 다루기 쉬워 신속하게 보급되기 시작하였다.

중고中古

후한, 동한後漢, 東漢(25~220년) · 삼국三國 : 蜀→魏→吳(220~280년)

이 시기는 상업과 가내수공업이 발달함에 따라 일종의 즉석음식의 형태로 휴대하기 편하고 바로 먹을 수 있는 분말형태의 식품인 구敉나 배培가 존재했다.

특히 한漢 때는 음식문화 발전에 커다란 영향을 끼치는 밀이 서역에서 유입되었다. 밀의 원산지는 중앙아시아로, 밀은 한대 장건에 의해 개척된 실크로드를 따라 서역의 여러 가지 물품들이 전래되면서 중국에 보급되었다고 본다. 이런 연유로 서역에서 중국으로 들어오는 통로인 깐슈, 산시, 산시성 등지에서 밀가루로 만든 요리가 발달했다.

이 시대에는 도시가 커지고 직업이 세분화되면서, 실크로드를 통해서 들어온 새로운 문물과 휴대하기 간편한 음식물 등이 외식업의 탄생과 발달을 자극하였다.

진西晉(265~316년)→東晉(317~419년) · 오호십육국五胡十六國(304~439년)

정치적, 경제적으로 혼란스러웠던 이 시기의 음식문화를 살펴보면 당시의 식습관은 주식과 부식에 있어서도 남북의 차이가 뚜렷하였다. 북방은 화베이 평야에서 생산되는 조가 주식이고, 남방은 강남지역으로 인구가 많이 이주되면서 자연적, 사회적 조건이 적합한 쌀이 주식이다. 수나라가 전국을 통일한 후 대운하를 통해 물류의 교류가 이루어지기 전까지는 강남에서는 분식이 무척 귀했다.

분식에 관한 기록은 진대晉代의 노심이 지은 『잡제법雜祭法』에 잘 기술되어 있는데 그 기록은 다음과 같다. 제사에 쓰이는 공양물 중 밀가루 제품을 가지고 다양한 음식을 만들어서 조상에 올리는 공양물로 사용했던 기록이 있다. 이 책에 따르면 봄 제사 때는 만터우, 탕빙, 수이빙, 라오완 등이 쓰이는데 이것들을 여름, 가을, 겨울에도 똑같이 사용했다. 그 외 특별하게 사용한 경우가 있는데 여름 제사에는 루빙을, 겨울 제사에는 환빙을 사용했다.

북위北魏의 가사협賈思勰은 『제민요술齊民要術』을 썼는데 이 책에는 각종 야채, 곡물, 과수 등의 농사짓는 요령은 물론 가축사육법, 술 담그는 법과 백여 가지의 조리법까지 싣고 있어 백성들의 식생활 개선과 농업 발전에 큰 영향을 끼쳤다.

『진서眞書』 권33 「열전3」에 따르면 진晉의 재상 하증何曾은 증병蒸餠이 부풀어서 표면이 십자로 갈라지지 않으면 먹지 않았다는 기록으로 보아 3세기에 이미 발효법이 확립되어 있다는 것을 알 수 있다.

이 밖에도 주방에서 사용하는 기물로 철기를 사용하였으며, 이 시기는 식품재료의 증가로 인해 조리방법도 복잡해지고, 요리 종류도 급격히 늘어난 시기이다.

근고近古

수隋(581~618년) · 당唐(618~907년)

중국을 통일하여 다시 한 국가의 체제 속에서 형성된 수 · 당隋·唐나라 시기에는 조리에 커다란 변화가 나타났다. 이전에는 장작과 건조된 나뭇잎 등을 사용하다가 드디어 취사연료로 석탄을 사용하기 시작했다. 석탄은 장작에 비해 불 나르기가 용이하고, 위생적이고, 청결하여 조리를 보다 편리하게 하였다.

수나라가 추진한 운하건설로 강남의 식량과 물자를 빠르고 편리하게 화북으로 운송할 수 있게 되었다. 특히 대운하가 개통되면서 남북 문물 교류를 통한 교역은 외식업의 발전과 북경일대의 식생활을 풍요롭게 해 주었다.

이 시기의 생활상을 알 수 있는 기록인 『대업십유大業拾遺』에 따르면 오군吳郡이라는 사람이 해면어간유라고 부르는 음식을 진상하였는데, 이 음식은 바다에서 막 잡은 싱싱한 생선을 선상 조리하여 만든 회鱠의 한 종류이다.

수나라가 멸망하고 7세기 초엽 중국을 통일한 당나라는 주변 세계와의 교역에 보다 적극적으로 관여하기 시작한다. 이 시기 당唐나라가 서역 방면으로 영토를 확장하면서 당의 양잠이나 제지 등의 기술이 서방 유럽 지역에 전파되는 한편, 서방 문물이 동방에 많이 유입되었다. 그리고 손으로 돌리는 맷돌에 의존하던 그 전과는 달리 수차 덕분에 밀가루 생산비가 낮아져 일반 서민들도 그 혜택을 받게 되었다.

그리고 당 중기 이후 화베이 지역에서는 조와 밀을 2년 3모작의 형태로 경작하는 새로운 농법이 출현하여 농업 생산력이 획기적으로 증대했다.

이러한 생산기술의 발전으로 인하여 음식문화가 상당히 발전하였는데 그 중 특히 요리를 중심으로 살펴보면 단성식段成式이 쓴 『유양잡조』 권 7 「주식酒食」에는 요리와 과자를 포함해 127종의 음식이 열거되어 있다.

또한 건조식품과 소금에 절인 식품들은 보관과 운반의 편리성 때문에 생산과 소비가 증가하였다. 그리고 식품가공기술의 발전은 요리 형태의 변화를 촉진시켰는데 그 중 당나라 시대로 도래하면서 액체의 시럽 형태에서 덩어리 형태의 고체 설탕을 사용하기 시작했다.

중세中世

송(북송北宋: 960~1127년, 남송南宋: 1127~1279년)

송의 도읍은 황하강 하류에 있는 하남성 개봉에 수도를 정했다. 이로 인하여 강남지역이 본격적으로 개발되었다.

이 당시 농업의 발전을 살펴보면 쌀 생산을 늘리기 위해 강남지역의 하천에 제방을 쌓고 대규모 수리 전등을 조성하기 시작하여, 특히 경기 면적이 획기적으로 확대되었다. 이러한 노력과 새로운 농사기술인 모내기와 시비법의 발달도 쌀 생산량 증가에 커다란 영향을 끼쳤다. 특히 당대의 농업생산이 자급자족을 원칙으로 했다면 송대는 전업화, 상품화 경향이 나타났으며 이로 인하여 상업의 발전과 도시의 성장 등은 외식업의 발전에 지대한 영향을 끼쳤다.

진나라秦 때부터 사용한 철제취사도구와 공구는 식품을 조각하는 단계로 발전하였다. 남송南宋 때 영거장준俊巨張俊이 쓴 『무림구사武林旧事』에 따르면 소흥 22년 11월 효경 송고종孝敬 宋高宗의 연회석에 대량의 식품조각이 있었다고 한다.

또한 송시대에 나온 『동경몽화록東京夢華錄』이라는 책에 보면 볶음요리는 허파볶음, 모시조개볶음, 게볶음의 세 종류가 나온다. 하지만 그 이후 식문화는 점차 발전하여 송나라 말기에서 원나라 시대를 거쳐 볶음이라는 조리법이 점차 육류의 가공으로 그 범위를 넓힌다. 또한 이 책은 당시의 도시생활都市生活, 연중행사年中行事, 풍경 등을 상세히 전한다.

그리고 송나라 때 시인이자 정치가인 소동파의 시 중 "황주의 좋은 돼지고기, 값은 똥값이네. 부자들은 먹으려 하지 않고, 가난한 사람들은 삶아서 사용할 줄을 모르네. 물을 조금 넣고 약한 불에 오래 두면 저절로 맛이 나거늘. 매일 아침 일어나 한 그릇 먹으면 나는 배부르니 그대는 상관 말게나."라는 시가 있다. 이 시가 설명하는 요리는 지금도 중국요리에서 즐겨먹는 동파육이다.

특히 남송 말기 요리에 대한 유일한 책인 『몽양록』에는 고급요리, 하급요리, 채소요리 등 요리명이 600가지가 넘게 나열되어 있고, 여기에 나오는 요리는 북방풍과 남방풍의 요리로 구분하여 표기하였다.

하지만 남송의 요리는 재료 면에서는 풍부하였으나 요리 그 자체는 발전하지 못했다. 그 이유는 당唐대의 북방요리와 혼합되어 변화가 많아져서 보기에는 화려했으나 실질적으로 살펴 보면 전 시대의 연장이라고 할 수 있다.

이 시기의 특별한 특징으로 『한희재야연도』를 보면 송대 초기의 의자와 테이블을 볼 수 있는데, 이것은 식생활 양식에 커다란 변화를 보여주는 것이다. 후한시대의 식사모습은 돗자리에서 소반을 받고 음식을 먹는 모습이지만 당나라를 거쳐 송나라 당시의 음식문화를 묘사한 그림을 보면 이미 의자와 테이블이 실생활에 완전히 정착했음을 보여준다.

또한 도곡의 『청이록淸異錄』에는 차 끓이는 물을 논한 16탕품과 산지와 일화를 설명하는 글이 나온다.

근세近世

요遼(916~1215년), 금金(1115~1234년), 원元, 몽고제국(1206~1259년)→원(1260~1370년)

거란족의 요나라는 중국본토의 북부변경을 따라 좁고 긴 땅을 차지하였다. 여진족의 금나라는 요를 물리친 후 북중국 전체로 지배 영역을 확장하였다. 몽골족의 원나라는 금을 물리친 후에 중국 전체를 지배했다. 몽골인은 철저히 한문화를 무시하고, 그들의 치하에 사는 한인의 활동 영역을 더욱 제한하였다. 이후 몽골족이 건국한 원나라가 중국 전역을 통일한다.

원나라의 쿠빌라 칸의 시대에 베니스 출신의 상인이자 여행가인 마르코 폴로가 원나라를 방문하고 귀국하여 중국의 문물, 풍습, 문화, 전통 등 자신의 체험담을 쓴 『동방견문록東方見聞錄』을 낸다. 이 책은 동방에 국한되는 것이 아니라 유럽을 빼고 그 당시까지 알려진 모든 세계를 포괄하여 설명하고 있다. 이 책으로 말미암아 중국요리가 서방세계로 전파되었는데 그 중 대표적인 것은 분식의 일종인 국수로 스파게티의 시초가 된다.

원대에는 이민족 우대정책으로 색목인色目人으로 불리는 다른 소수민족도 많이 이주해 들어 왔다. 그 결과 다양한 민족들의 독특한 요리가 유입되어 요리의 종류도 늘어나고 조리법도 한층 다양해졌다. 특히 원 왕조의 궁정에 홀사혜忽思慧라는 음선태의飮膳太醫가 문종文宗에게, 『음선정요飮膳正要』라는 양생에 관한 책을 바쳤다. 특히 「취진이찬聚珍異饌」이라는 장에서 다루고 있는 95종의 요리는 모두 자양강장을 위해 고안된 요리이다.

이 당시 사회상을 나타내는 문구로는 원곡元曲에 '칠건사七件事'라는 속담이 있었는데 이는 아침에 일어나서 땔나무, 쌀, 기름, 소금, 장, 초, 차의 일곱 가지 물건이 필요하다는 뜻으로 이는 당시의 시대상을 알 수 있게 하는 대목이다. 그리고 그 당시의 절임 음식은 빈민의 대표적인 부식이며, 제일 평민적인 음식물은 두부이다. 특히 자鮓는 남방지역 사람들이 평소 만들어 두었다가 언제라도 꺼내 먹는 성찬으로 오늘날 햄이나 치즈 같은 것이었다.

명明(1366~1644년)

북방계통이며 이민족인 몽골족이 세운 원에서 한족이자 남방계를 대표하는 명나라는 14세기에 양자강 하류 지역의 식습관을 북방으로 들여와 남북 음식문화의 융합을 촉진했다. 명明을 건국한 주원장은 특히 농업에 많은 관심을 기울였는데 나무를 심고 대대적으로 관개 공사를 벌여 땅을 비옥하게 만들었다.

예부터 먹던 북방의 주식으로는 헤베이華北 평야에서 재배한 좁쌀, 수수 등 잡곡이 있고, 남방의 주식으로는 강남에서 재배한 쌀 등이 있으나 생산량이 부족하여 가난한 사람에게는 돌아가지 못했다.

이 시대 색다른 것으로 반죽에 간수를 넣어 면발을 늘이는 납면拉麵이 산시성에서 출현한다. 이는 손으로 잡아당겨 늘인 면 요리의 일종으로 납拉은 '늘인다', '잡아당긴다'는 뜻이다. 면식인 이 납면은 중국 각지로 퍼져 나간다. 헤베이華北에서는 납면, 청면, 화중華中에서는 간면, 화남華南에서는 다면이라고 부른다.

특히 이 시대에는 옥수수, 고구마가 수입되었고, 도로, 운하 등이 잘 발달되었고, 남방南方에 이르는 길도 잘 트여 각 지역地域의 요리재료料理材料, 향신료香辛料, 과실菓實 등을 쉽게 구할 수 있어서 요리법이 한층 더 발달發達하기 시작하였다.

이 당시 식사는 현재와 마찬가지로 1일 3식을 원칙으로 하였으나, 일부는 점심(중식)을 가벼운 점심點心으로 대체하였다. 식사에 사용된 음식 내용은 대개 죽鬻이나 병자, 소병 정도이다.

명대 집필된 『심씨농서沈氏農書』라는 책에는 그 당시 강남에 살고 있는 농업 종사자의 하루 식사량이 나와 있다. 여름과 겨울에는 아침에 죽 2홉, 낮에 밥 7홉, 점심에 밥 2홉 반, 저녁에 죽 2홉 반이다. 봄과 가을에는 아침에 죽 2홉, 낮에 밥 7홉, 점심에 밥 3홉, 저녁에 죽 2홉 반으로 하루 평균 1되 5홉이고 여자는 그의 반이다.

이에 반해 황제나 황족에 대한 식사 기록을 살펴보면 희종 때 장지교蔣之翹의 『천계궁사天啟宮詞』의 주에 "황제가 조개, 새우, 제비집, 상어지느러미 등 바다의 진미 10여종을 회로 먹었더니 맛이 좋다고 하였다."라는 기록이 있다.

명나라 때 이시진의 『본초강목本草綱目』에는 상어지느러미에 대해 기술한 부분이 있다. 이러한 내용을 근거로 살펴보면, 어시魚翅(상어지느러미 말린 것)는 16세기 말에 식용으로 사용했으며 주로 궁중연회요리에 사용했다.

청淸(1636~1911년)

청은 만주족이 건국한 나라로 백성들의 식생활을 살펴보면 주식으로 북방은 잡곡, 강남은 쌀을 사용했으며 북방에서 부족한 주식의 양을 남방의 쌀로 보충하고 있었다. 이 시대 주요한 잡곡은 조와 기장으로 이에 관해서 건륭乾隆 때 칙명勅命으로 편찬한 『수시통고授時通考』에 아주 간단하게 만 기록되어 있다.

이 시대의 잡곡으로서 주목할 것은 고량高粱(수수의 일종)과 옥수수를 들 수 있다. 아프리카 원산지인 고량은 산동, 화북에서 만주까지 대평원에 널리 분포되어 많이 생산되었다. 그리고 옥수수는 회교도에 의해 감숙지역에 전파되어 그 후 고량과 함께 청나라에서 널리 사용했다. 곽말약郭沫若의 자전을 보면, 서남 사천 가정부嘉政府 부근에서는 농민들이 주식으로 옥수수를 먹고(옥미죽, 와두: 발효시키지 않은 찐빵), 백미밥은 연공미를 운반해 갔을 때에나 지주의 집에서만 먹을 수 있었다고 한다.

요리에 사용되는 부식으로는 북방은 대백채大白菜, 강소성 이남에서는 옹채가 재배되었다. 마늘, 양파, 부추 등 총류葱類는 한인이 즐기는 작물이고, 육류肉類로는 주로 양과 돼지를 즐겨먹고, 소나 개는 별로 먹지 않았다. 조류鳥類 중 가금류家禽類로 닭과 오리가 있고 야생조류野生鳥類로는 꿩도 사용했으며, 비둘기나 메추리는 야생종과 사육종 모두 다 식용에 사용했다.

가공식품으로는 오리알을 가공한 송화단松花蛋(소금과 물에 절인 알), 함단鹹蛋 등이 있다. 식품 재료에 대한 기록으로 청나라 말기 광서 29년(1903)의 『천지우문天咫偶聞』에 나오는 과실의 종류는 배, 사과, 포도, 대추, 은행, 복숭아, 살구, 앵두, 오디, 오이, 무 등 매우 다양하게 사용되었다.

특히 유목민족인 만주족이 건국한 청시대에는 중국요리中國料理의 부흥기를 이룬다. 중국음식문화中國食文化의 진수라 할 수 있는 만한전석滿漢全席이 이 시기에 등장한다. 만한전석은 만주족滿洲族과 한족漢族이 조리에 관한 모든 정화精華를 한 자리에 모아 놓은 것으로, 1회 식사에 준비한 음식과 간식의 종류는 100여 가지가 넘는다. 제비집, 상어지느러미, 곰발바닥, 낙타 등고기, 원숭이 골요리, 죽순, 민물게, 전복, 오리, 닭 등 중국 각지에서 준비한 재료材料를 이용利用한다. 지금도 북경北京에서는 1925년 궁중요리를 표방하는 고급음식점 「방선」이 문을 열고 만한전석의 전통을 이어가고 있다.

한국에서의 중국요리 역사

한국화교의 형성과 배경

재한화교在韓華僑는 한국으로 이주한 중국인中國人들 중에서 중국 국적을 상실하지 않은 중국인을 말한다. 이 중에서 한국 국적을 취득하였거나, 중국 국적을 취득한 외국인계 중국인은 포함하지 않는다.

화교의 역사는 고종 19년(1882)년 임오군란壬午軍亂 이후 대원군大院君과 명성황후의 정치적 갈등으로 인하여 청국清國에 원병援兵 요청要請으로 조선에 온 군대 4천여 명과 40여 명의 군역상인으로 시작하였다.

그 이후 대한제국大韓帝國과 일제 강점기, 대한민국大韓民國의 시기를 걸치면서 2000년대 후반 한국 화교의 숫자는 2만여 명으로 나타났다.

화교의 역사

한화의 이주 과정은 역사적 전개과정에 따라 인구수와 경제적 특색을 나타내고 있다. 이것을 6단계로 구분하면 다음과 같다.

첫 번째 시기는 청이 조청상민수륙무역장정(1882)을 체결한 시기에서 청일전쟁清日戰爭 이후이다. 이 시기를 화교의 정착기라고 한다. 두 번째 시기는 한일합방 전후에서 일제강점기를 거치는 과정인 1920년대 말까지의 시기로 이 시기를 화교의 발전기라고 한다. 세 번째 시기는 1930년대 초반에서 해방에 이르는 시기로 화교의 침체기라고 한다. 네 번째 시기는 해방 이후 6·25전쟁 전까지로 이 시기는 화교의 일시적 회복기라고 한다. 다섯 번째 시기는 1950년대부터 1980년대 말까지로 이 시기는 화교의 쇠퇴기라고 한다. 여섯 번째 시기는 1990년대부터 현재까지로 이 시기는 화교의 재도약기라고 한다.

화교의 정착기

수사제독 오장경과 서울에 도착한 군상華商 40여 명은 청군이 조선에 머무르는 시간 동안 청군을 도와주려고 온 것이었는데 청군이 조선에 오래 머물게 됨에 따라 점차 조선인과 교역을 한다. 2~3년의 시간 동안 이들은 청군의 보호정책과 오장경 제독의 관심 속에 발전한다. 그들의 상업활동은 후대 화상들이 사업활동을 벌이는 데 공고한 기반을 다져 주었다.

화교의 발전기

1910년 대한제국이 일본과 한일합방을 체결한다. 그 후 조선총독부는 군상의 상업활동에 엄격한 제한을 둠으로써 경제활동을 일부 지역에 한정하여 그 팽창을 제한하였다. 이런 위기에서 군상은 중개무역 상품을 중국산 삼베와 비단으로 바꾸어 취급하면서 위기를 극복한다.

이러한 포목상 중심의 상업활동의 호경기가 다른 상업 분야로 파급되어 이것이 화교 인구 증가와 맞물려 화교 사회 전체의 규모를 크게 만든다. 화교는 대구, 목표, 군산, 평양, 청진 등지에 전국적으로 거주하면서 상업, 농업, 요식업 등에 종사하며 생활하였다.

화교의 침체기

1920년대 조선 화교 경제는 중국산 물품을 수입하여 판매하는 것이 주류를 이루었다. 그러나 1930년대 일본이 만주국을 수립하고 조선과 만주를 하나로 묶는 선만鮮滿 경제권을 강화한다.

대중무역의 감소는 군상의 중계무역을 약화시켜 화교 경제를 침체시켰다. 여기에다 중일전쟁과 태평양전쟁의 발발은 군상의 경제활동을 더욱 위축시켰다.

일시적 회복기

해방 후 남한은 일본, 만주, 북한과 경제 관계가 단절되어 원료, 기계부품을 조달할 수 없는 상황에 직면한다. 이 시기에 화상의 중개무역仲介貿易은 정크선무역과 대 마카오무역 및 홍콩무역으로 나눈다. 이처럼 화교무역업이 활발히 전개됨에 따라 화교 경제가 활기를 되찾고 화교 인구도 증가하여 1942년에는 8만 2천 명으로 집계된다.

쇠퇴기

6·25전쟁은 화교 경제의 중심지인 인천과 서울에 큰 전화戰禍를 입혔고, 이로 인해 화교는 큰 피해를 보게 되었다. 특히 인천상륙작전으로 화교들의 밀집거주지역인 선린동 일대가 가장 큰 타격을 입는다.

화교 사회의 커다란 비중을 차지한 중개무역은 정치적 영향과 한국산업기반 특수성 때문에 대일무역이 급속히 증가하고 그에 반해 대홍콩무역은 상대적으로 점차 쇠퇴하고, 네트워크 부족으로 한국무역상과 경쟁에서 밀리는 상황에 놓였다.

또한 6·25전쟁에 중공군이 개입하면서, 1951년 홍콩무역에서 홍콩주재 한국영사가 발급하는 최종소비자증명서最終消費者證明書와 원산지증명서原産地證明書를 첨부하도록 했다. 이는 한국 수출품이 중공으로, 중공 수출품이 한국으로 유입되는 것을 차단하기 위한 제도였다.

화농은 영소한 토지규모와 1961년 외국인토지소유금지령의 공포로 토지土地를 소유할 수 없게 되고, 또한 도시개발都市開發이 이루어지면서 화농의 토지는 점차 사라졌다. 영농기술 또한 한국농민에 비해 경제력이 뒤떨어져 화농은 서서히 그 자취를 감춘다.

재도약기

여행자율화 이후 다양한 음식문화를 경험한 여행객과 유학을 하고 국내로 귀국한 유학생들로 인하여 외식산업은 질적으로 성장한다. 특히, 이 시기에는 사천요리, 강소요리, 광동요리 등 다양한 음식을 선보여 중국음식의 저변을 확대하면서 중국음식의 발전을 이끈다.

중국음식의 전성시대

중국음식中國飮食은 해방 전후를 기준으로 커다란 변화를 맞이하게 된다. 그것은 주 소비자의 변화이다. 1945년 광복 이후 한국정부가 화교들의 무역을 금지함에 따라 많은 화교들이 일자리를 잃게 되었으며, 중국 본토의 공산화로 고향으로 돌아갈 수도 없었다. 이러한 현실에서 화교들은 삶을 위해서 전업을 모색하였다. 그들이 할 수 있는 일은 가족 노동력을 이용한 음식점이 가장 적당했다. 이러한 화교사회 내부사정에 의해 중국음식점은 폭발적으로 증가하였다. 광복 후 한국인을 중요한 고객으로 삼게 되자 맛 또한 변화하게 된다. 향신료를 줄이고 고추와 후추를 많이 사용하였고, 구하기 힘들고 값비싼 식품재료 대신 한국에서 많이 재배되는 양파, 감자 등을 이용하였다. 광동요리 중 고로육은 고기에 전분을 묻혀 바삭하게 튀겨 한국인의 입맛에 맞춘 탕수육으로, 한국화된 중국음식이 탄생하게 되었다.

2_중국요리의 조리방법과 기술

중국음식의 조리적 특징

오늘날의 중국음식문화를 논할 때 꼭 등장하는 단어가 있다. 그것은 만주식 연회를 뜻하는 만석滿席과 한족식 연회를 뜻하는 한석漢席의 잔칫상인 만한전석滿漢全席이다.

사흘 동안 180여 가지 음식이 나오는 궁중연회의 진수를 보여주는 만한전석滿漢全席의 모든 요리는 격식에 맞추어서 정해진 순서에 따라 나온다. 정식의 구성은 4개의 형식으로 구성되어 있으며 매 형식마다 주요리 하나에 네 개의 보조요리가 따라 나온다. 그러므로 한 형식에 20가지의 주요리와 보조요리가 나오게 되며 여기에 냉채류(냉훈, 냉반), 건과류, 딤채류, 딤섬류, 과일 등을 합치면 모두 40여 가지가 되므로 사흘에 걸친 궁중연회에서는 모두 180가지 이상의 음식이 나오게 된다.

이상에서 살펴보듯이 중국음식문화는 만한전석滿漢全席의 구성요소인 식자재의 다양함과 독특한 조리법 그리고 음식구성의 합리성과 식품의 복합성이라는 특징을 갖는다. 중국음식 특유의 조리이론과 조리기술의 특징은 다음과 같다.

식자재의 다양성

중국은 국토가 세계에서 세 번째로 큰 만큼 넓고, 거기에서 생산되는 다양한 식재료가 존재한다. 각 지역마다 기후와 지리적인 환경이 다르기 때문에 생산된 식품의 종류도 매우 다양하다.

또한 이러한 연유로 같은 종류의 식품이라 할지라도 산지에 따라 질적으로 큰 차이가 있다.

예를 들면, 황하黃河의 잉어, 장강長江의 잉어, 강남江南 지방에서 양식한 저수지의 잉어는 질적으로 아주 큰 차이가 있으며 그 중 황하黃河의 잉어가 가장 품질이 좋다.

중국음식은 상용되는 재료의 수만 해도 약 3천여 종에 이르며 전체 재료 수는 1만 종을 상회한다. 식품의 재료를 품종별로 분류하면 육류, 곡류, 어류, 가금류, 난류, 채소류, 과채류, 해산물류, 가공식품, 조미식품 등으로 나눌 수 있다.

재료 썰기의 합리성

중국조리에 사용되는 조리도구는 칼, 도마 등 몇 가지 사용하지 않지만 재료를 절단하거나 써는 기술은 매우 발달하였다. 재료와 조리법에 따라 칼질하는 방법은 여러 가지이지만 크기, 두께, 굵기는 일정해야 한다. 중국조리의 썰기에는 괴塊, 편片, 조條, 사絲, 단段, 정丁, 미米, 말末, 용니茸泥가 있다.

조리방법의 다양성

중국의 요리방법은 한 번에 익혀서 먹기보다는 여러 가지 복합 조리법을 이용해서 음식을 만드는 것이다. 즉, 뜨거운 육수에 데치거나 익히거나 혹은 기름에 데치는 등 조리시간을 단축하기 위해서 미리 초벌조리를 한 다음 마무리 조리를 해서 음식을 완성하는 것이 일반적이다. 이러한 이유로 중국음식의 조리방법은 다양한 것으로 명성이 대단하다.

조리방법에는 크게 기름을 이용해서 열을 전달하는 방법, 물을 이용해서 열을 전달하는 방법, 수증기를 이용해서 열을 전달하는 방법 등이 있다. 이것을 다시 각각의 작은 유형의 열전달 방법으로 분류하면 기름에는 초炒, 폭爆, 전煎, 작炸, 류熘, 팽烹, 첩貼 등이 있다. 물에는 소燒, 배扒, 민燜, 회燴, 탄汆, 자煮, 돈炖, 외煨 등이 있다. 수증기에는 증蒸, 고烤 등이 있다. 이 밖에도 열채熱菜, 냉채冷菜, 첨채甛菜 등 독특한 조리법이 많다.

중국은 국토가 넓어 동일한 음식이라 할지라도 사용하는 본재료와 보조재료의 차이로 조리방법이 달라지며 조리방법에 따라 화덕에서 나오는 불의 세기 강약 조절이 다르다. 자연환경에 따라 생산되는 음식의 재료도 틀리고 각 지역마다 독특한 조리방법이 있기 때문에 조리된 음식은 지역마다 풍미가 다르고 다양하다. 여러 가지 다양한 향신료와 조미식품은 지역마다 향기와 풍미가 다르기 때문에 지역색이 강한 독특한 맛을 형성한다.

중국음식은 조리하는 방법에 따라 어떤 것은 향기로우면서 바삭하게, 어떤 것은 신선하면서 부드럽게, 어떤 것은 바삭바삭하면서 연하게 한다. 그러므로 가열할 때 불의 세고 약함, 기름 또는 물 온도의 높고 낮음, 조리시간의 길고 짧음, 즉 대소大小, 고저高低, 장단長短을 음식의 특성에 따라 반드시 구별하여 조리하여야 한다.

음식 종류의 다양함과 시각적 아름다움

중국에서 조리에 사용하는 식품의 재료의 다양성으로 인하여 조리방법도 매우 무궁무진하다. 가금류를 주재료로 하여 부재료와 향신료, 조리방법을 달리하여 깐풍기, 궁보기정, 경총배압, 취피압, 호로압, 깐쇼기, 비파압, 고압, 마라기정, 유린기 등 100여 종의 가금家禽류 전식全食을 만들 수 있으며 이러한 음식들은 상해, 북경, 청도, 위해 등 중국의 도시에서는 어디에서나 맛볼수 있다. 중국은 각 지역의 자연환경, 기후, 생산물, 미풍양속, 습관이 다르기 때문에 각 지역마다 식습관의 기호와 음식의 맛과 향도 다르다. 사천四川지방은 맵고 화끈한 맛, 광동廣東지방은 시고 청담淸淡한 맛, 강소江蘇지방은 단맛, 산동山洞지방은 짭짤한 맛 등 각각의 특색이 있다.

중국음식문화에서 색色은 주재료와 부재료, 유기적으로 조합하여 음식을 먹음직스럽게 보이는 기능을 한다. 미味는 음식의 가장 기본이다. 주재료와 부재료의 이상적인 융합으로 조리방법에 따라 여러 가지 음식을 만들 수 있다.

향기香에는 두 가지 종류가 존재하는데 하나는 겉에서 나는 청향淸香이고 다른 하나는 조리된 음식의 내부에서 배어나오는 골향骨香이다. 음식을 담는 기물器物은 조리한 음식을 아름답게 보이는 시각적인 기능은 물론 음식의 식욕을 돋우며 음식의 품격을 결정지어 주며 전체적으로 완성도 높은 음식문화를 이루기 때문에 매우 중요하다.

다양한 지방음식

중국요리는 지역의 광활함과 사람들의 기질성, 특징적인 요리발달에 따라서 크게 네 가지로 분류하고 산동山洞요리, 사천四川요리, 광동廣東요리, 강소江蘇요리로 나눈다.

숙식熟食 위주의 식생활 습관

중국인의 식문화에 나타나는 조리법을 살펴보면 반드시 불이나 뜨거운 물을 사용하여 익혀 먹는 숙식熟食을 기본으로 한다. 「예부禮部 · 왕제王制」의 기록을 보면 중국인들은 오래 전부터 식재

표 2-1 열을 전달하는 매체에 따른 분류

열전도체	조리법	조리과정
기름	초(炒)	알맞은 크기와 모양으로 만든 재료를 기름에 조금 넣고 센 불이나 중간 불에서 짧은 시간에 뒤섞으며 익히는 조리법이다.
	폭(爆)	재료를 1.5cm 정육면체로 썰거나 칼집을 낸 다음 뜨거운 물이나 육수, 기름 등으로 먼저 열처리한 뒤 센 불에서 재빨리 볶아내는 조리법이다.
	전(煎)	뜨겁게 달군 팬에 기름을 조금 두르고 밑손질을 한 재료를 펼쳐 놓아 중간 불이나 약한 불에서 한 면 또는 양면을 지져서 익히는 조리법이다.
	작(炸)	넉넉한 기름에 밑손질한 재료를 넣어 튀기는 조리법이다.
	류(熘)	조미료에 잰 재료를 녹말이나 밀가루 튀김옷을 입혀 기름에 튀기거나 삶거나 찐 뒤, 다시 여러 가지 조미료로 걸쭉한 소스를 만들어 재료 위에 끼얹거나 조리한 재료를 소스에 버무려 묻혀내는 조리법이다.
	팽(烹)	적당한 모양으로 썬 주재료를 밑간하여 튀기거나 지지거나 볶아낸 뒤, 다시 부재료, 조미료와 센 불에서 뒤섞으며 탕즙을 졸이는 조리법이다.
	첩(貼)	특수한 조리법의 하나로 보통 세 가지 재료를 쓴다. 한 가지 재료를 곱게 다져 큰 편을 낸 다른 재료 위에 얹고 나머지 재료로 덮는다. 편을 낸 재료를 아래로 향하게 하여 바삭하게 지져낸 다음 물을 적당량 부어 수증기로 익힌다.
물	소(燒)	조림을 말한다. 튀기거나 볶거나 지지거나 쪄서 미리 가열 처리한 재료에 조미료와 육수 또는 물을 넣고 우선 센 불에서 끓여 맛과 색을 정한 다음, 다시 약한 불에서 푹 삶아 익히는 조리법이다.
	배(扒)	배(扒)의 기본은 소(燒)와 같지만 조리시간이 더 길다. 완성된 요리는 부드럽고 녹말을 풀어 넣어 맛이 매끄럽다. 요리의 모양새를 흐트러뜨리지 않는 것이 관건이다.
	민(燜)	푹 고는 조리법이다. 약한 불에서 뚜껑을 덮고 오래 끓이는 방법으로 소(燒)와 비슷하다. 탕즙의 색깔과 조미료에 따라 홍민(紅燜), 황민(黃燜), 유민(油燜)으로 구분한다.
	회(燴)	탕즙에 녹말을 이용해서 완성시킨 조리법으로 녹말이 들어가지 않는 청회(淸燴), 녹말이 조금 들어가는 백회(白燴), 간장이나 황설탕을 넣고 녹말 농도를 진하게 하는 홍회(紅燴), 팬에 기름, 향신료, 동식물성 재료와 양념을 넣고 걸쭉하게 졸이는 소회(燒燴) 등이 있다.
	탄(汆)	조직이 연한 재료를 저미거나 완자를 만들어서 중간 불에서 끓는 물이나 탕으로 데쳐 단시간 가열하는 조리법이다.
	자(煮)	육수나 물을 이용하여 삶는 것이다. 신선한 동식물 재료를 작게 썰어서 넉넉한 탕에 넣고 센 불에서 끓이다가 약한 불로 바꾸어 익히는 조리법이다.
	돈(炖)	탕을 넉넉히 붓고 재료를 넣어 오래 가열하는 방법이다. 가열방식과 열처리 방법에 따라 청돈(淸炖), 과돈(侉炖), 격수돈(隔水炖)으로 나눈다. 청돈은 재료를 끓는 물에 살짝 데친 뒤 물에 넣고 가열한다. 격수돈은 끓는 물에 데친 재료를 그릇에 담고 탕즙에 적당히 넣은 뒤 뚜껑을 꼭 닫고 직접 불 위에서 끓이거나, 큰 팬에 물을 넣고 끓여 증기로 익히는 것이다. 과돈은 재료에 녹말가루나 밀가루를 묻히고 다시 달걀을 입혀 지져서 모양을 만든 다음 물을 넣고 끓이는 방법이다.
	외(煨)	조금 질긴 재료를 큼직하게 잘라 물에 살짝 데친 다음 탕에 넉넉히 붓고 센 불에서 끓이다가 약한 불에서 오랫동안 은근히 삶아 탕즙으로 졸이는 조리법이다.
증기	증(蒸)	재료를 증기로 쪄서 익히는 조리방법으로 청증(淸蒸), 분증(粉蒸), 포증(包蒸)이 있다. 청증은 조미료에 재서 맛을 배게 한 재료를 그릇에 담가 수증기로 익히는 방법이다. 분증은 재료에 오향초분(五香炒粉)과 같은 조미료를 넣고 고루 버무려 그릇에 담아 증기로 익히는 방법이다. 포증은 조미한 재료를 연잎이나 대나무잎 등으로 싼 다음 그릇에 담아 증기로 익히는 방법이다.
	고(烤)	건조한 뜨거운 공기와 복사열로 재료를 직접 익히는 조리법으로 가장 원시적이고 오래된 방법이다. 불꽃에 따라 명화고(明火烤), 암화고(暗火烤)로 나눈다.

중국요리를 맛있게 만드는 6가지 기법

- 첫 번째 방법 : 볶음요리는 반드시 센 불로 하라. 중국요리의 대부분인 볶음요리의 맛을 내는 비법은 센 불에 짧게 볶아냄으로써 재료가 가진 본래의 맛을 살리고, 향료 및 조미료와 재료의 색을 살려 내는 것이 기본이다.
- 두 번째 방법 : 파, 마늘 등 양념의 향이 기름에 배도록 우선 볶아라. 중국요리의 끝맛에 느껴지는 향은 바로 재료를 볶기 전에 마늘과 파 등의 양념을 뜨거운 기름에 먼저 볶음으로써, 기름에 양념의 향이 배게 한 것이다. 재료맛을 더욱 살려내는 방법의 하나이다.
- 세 번째 방법 : 재료를 기름에 데칠 때는 중간 불에서 시작하라. 중국요리의 맛을 만들어 내는 방법 중 중요한 것이 재료를 요리하기 전에 우선 데치는 것으로 이것은 재료를 부드럽고, 윤기가 나게 하는 방법이다. 데치는 것도 불을 세게 하면서 단시간에 요리해야 한다.
- 네 번째 방법 : 육류 및 해물은 반드시 먼저 간을 해 놓아라. 어떤 음식이든 밑간을 해 놓으면 맛이 더해진다. 불고기의 맛을 좌우하는 것이 바로 밑간과 재워 놓는 것인 것처럼 중국요리도 미리 간을 해 놓고, 재워 놓는 것이 맛을 더욱 살리는 방법이다.
- 다섯 번째 방법 : 녹말은 재료가 끓을 때 넣어라. 중국요리에 가장 많이 사용하는 녹말은 반드시 물이 끓을 때 넣고 잘 저은 후 한 번 더 국물을 끓여야 한다. 또한 녹말은 물과 1:1 비율로 풀어야 한다.
- 여섯 번째 방법 : 튀김용 가루는 녹말을 물에 가라앉은 것을 사용하라. 중국 튀김요리의 맛을 만들어 내는 방법 중 중요한 것은 입히는 재료를 반드시 미리 물에 가라앉은 녹말만으로 요리하는 것이다.

녹말을 물에 녹인 후 몇 시간 후에 윗물을 따라 낸 후 아래 가라앉은 앙금만을 중국 튀김요리의 옷으로 사용하는 것이 중국요리의 맛을 높이는 방법이다.

료를 익혀 먹는 숙식熟食과 식재료를 날로 먹는 생식生食을 기준으로 한족과 주변 민족을 구별했다. 이런 점으로 미루어 중국인들은 일찍부터 생식生食보다 숙식熟食을 선호하고 즐겨 먹었으며, 이러한 음식문화가 현재까지도 이어져 오고 있다. 이러한 이유로 중국인들에게 그것이 어떠한 식재료든지 생식이라는 것은 존재하지 않는다.

조리도구

중국요리는 조리도구를 활용하여 튀김, 볶음, 찜, 구이, 조림 등 다양한 형태로 만든다. 또한 중국요리의 특별한 조리법으로 여러 종류의 요리방법(찜, 조림, 튀김, 구이 , 삶기)을 복합적으로 사용하는 복합조리법이 있다. 이처럼 다양한 조리방법은 음식의 다양성을 제공하고 여러 계층의 만족도를 높이는 중요한 요인으로 작용한다. 하지만 이처럼 다양한 음식에 비해서 사용하는 조리도구의 종류가 많지 않고 사용하는 방법도 단순하다. 웍(중화팬) 하나로 튀김, 조림, 구이, 삶기 등을 할 수 있고, 웍(중화팬) 위에 대나무찜통을 얹어 찜요리가 가능하다. 또한 칼 한 자루로 다지고, 썰고, 자르고, 식재료의 껍질을 벗기기도 한다.

팬铛子

중화팬은 양수팬과 편수팬으로 나눈다.

표 2-2 중화팬의 종류

| 팬 | 편수팬 | 바닥이 둥근 금속냄비로 중국요리를 할 때 사용하는 기본 조리도구로 강한 열이 둥근 금속냄비 전체에 골고루 퍼져 빠르게 식재료를 익힐 수가 있고, 열 흡수가 빠르고 팬 바닥을 넓게 사용할 수 있어 튀김이나 볶음 또는 지지는 데 적당하다. 편수팬의 모양은 반구형이며 센 불에서 조리하기 편하도록 한쪽에 자루가 달려 있다. 사용하는 지역은 주로 북방지역으로 볶음요리, 튀김요리에 많이 사용한다. |
| | 양수팬 | 바닥이 둥근 금속냄비로 중국요리를 할 때 사용하는 기본 조리도구이다. 강한 열이 둥근 금속냄비 전체에 골고루 퍼져 빠르게 식재료를 익힐 수가 있고, 열 흡수가 빠르고 팬 바닥을 넓게 사용할 수 있다. 튀김이나, 볶음, 또는 찜기를 얹어서 사용하거나 면을 삶을 때도 사용한다. 양수팬의 모양은 반구형의 모양에 양쪽에 손잡이가 있어 그것을 잡고 사용한다. 사용하는 지역은 북방지역을 제외한 여러 지역(광동, 강소)이다. |

칼刀

중식칼은 표면이 넓고 두껍다. 내려치는 힘에 의해 절삭을 하는 것이 중식칼의 사용방법이기 때문에 기본적으로 무게가 무겁다. 칼의 모양은 칼끝이 직선으로 된 것과, 반달모양으로 약간 굽은 것, 말머리 모양의 칼 등으로 나눈다. 그러나 일반적으로 직사각형의 네모 칼을 쓴다. 칼날의 길이는 21~23cm 정도이고 손잡이는 12cm이다. 보통 칼 한 자루로 모든 식재료를 손질하여 요리하는 경우가 많다.

도마案板

주방에서 사용하는 도마의 종류에는 나무 도마와 플라스틱 도마가 있으며 형태는 지름이 50~80cm, 두께는 20~30cm인 원형으로 무겁고 안정감이 있다. 중식 도마가 이러한 형태로 만들어진 이유는 칼 사용법과 밀접한 관련이 있다. 중식칼은 내리치는 방법으로 사용하기 때문에 이에 알맞은 형태의 도마가 필요한 것이다.

　나무 도마로는 은행나무, 노송, 버드나무 등을 사용하며, 그 중에서 주로 은행나무를 많이 사용한다. 하지만 품질은 특히 잘 마르고 냄새가 나지 않는 노송이 가장 좋다. 사용 후 깨끗이 닦은 후 통풍이 잘되는 곳에 보관하여야 재질이 단단해지고 내구력이 커진다. 요즘은 위생문제를 고려하여 플라스틱 도마를 사용하기도 한다. 새 도마는 10%의 소금물에 담가 나무의 결을 수축시켜 나무재질을 단단하게 만든 다음에 사용해야 내구성이 커진다.

대나무찜통竹蒸笼

대나무찜통의 모양은 본체와 뚜껑이 분리되어 있다. 본체 바닥은 대나무를 잘게 쪼개서 엮은 모양이며 층층이 여러 단을 쌓아 사용할 수 있다. 윗부분인 뚜껑 또한 대나무를 잘게 쪼개서 엮은 모양으로 수증기는 적당히 빠져 나가면서 열은 그대로 보존한다. 크기는 사이즈에 따라 분류하며 지름이 55~60cm 정도의 것을 많이 사용한다.

국자铁勺

국자는 팬의 종류에 따라 양수팬 국자와 편수팬 국자로 나누어 사용한다.

표 2-3 국자의 종류

국자	양수팬 국자	끝 부분이 평평한 부채꼴 모양에 기다란 자루가 달려 있는 형태이다. 양수팬을 사용하는 지역에서 많이 사용하는 조리방법 중 하나인 재료를 볶거나 섞거나 기름에 지지거나 구이를 할 때 많이 사용한다.
	편수팬 국자	끝 부분이 반구형의 형태로 화덕에서 나오는 센 불에서 조리하기 용이하도록 긴 자루가 달려 있다. 국물을 떠올릴 때뿐만 아니라 섞거나 볶을 때, 요리한 음식을 떠내고 담을 때 등 국자 하나를 가지고 여러 용도로 사용한다.

구멍국자漏勺

편수팬과 모양이 같으며 반구형 안에 작은 구멍이 뚫려 있어 기름이나 물에서 식재료를 한꺼번에 건져 올리는 데 사용한다. 또 식재료에서 기름과 수분을 뺄 때도 편리하다.

조리망調理篩子

철망의 크기에 따라 사용하는 용도가 분류된다. 기름에 섞여 있는 찌꺼기나 불순물을 거르는 데 사용하거나, 끓는 물에서 데친 식재료를 분리하는 데 사용한다.

대나무솔竹刷子

대나무를 잘게 쪼갠 다음 그것을 묶음으로 만들어서 요리를 만들고 난 다음 뜨거운 웍(중화팬)을 닦는 데 사용한다.

조리용 젓가락竹筷子

소재는 나무로 형태는 긴 젓가락 모양이다. 고온에서 튀김을 할 때 편리하게 사용한다.

기름받이통油桶

형태는 폭이 넓지 않은 둥근 챙이 달린 모자를 뒤집어 놓은 모양으로 재료를 튀겨낸 기름을 담아 두는 데 사용한다.

조리용 붓調理毛笔

찜요리를 만들 때 소스를 바르거나 구이요리 표면에 소스를 첨가하거나 음식의 표면을 정리할 때 사용한다.

재료 썰기의 기본방법

중국요리는 칼 한 자루를 가지고 다양한 도공법을 발달시켰고, 또한 채소와 과일을 이용한 여러 형태의 조각(장식 썰기)기술이 있다. 중식조리에서 썰기를 하는 이유는 조미료를 쉽게 배게 하고, 익히기 쉽게 하며, 불가식부를 제거하고, 먹기 편하게 하고, 요리의 완성도를 높이기 위해서이다. 중국요리의 썰기에는 편片, 사絲, 괴塊, 정丁, 단段, 조條, 미米, 말末, 용니茸尼 등이 있다.

편片

식품재료의 포를 뜨듯이 한쪽으로 어슷하고 얇게 뜨는 것으로, 오른쪽에서 왼쪽으로 칼을 넣어 떠 주며 주로 육류나 어류, 버섯류, 채소 같은 것을 써는 데 적합한 조리조작기술이다. 질감이 아삭아삭한 재료는 칼을 직각으로 해서 썰고, 질긴 재료는 칼을 평평하게 누이거나 어슷하게 하여 썬다.

편의 형태는 두께가 0.3cm 이하인 얇은 편, 0.5cm 이상인 두꺼운 편, 길이가 3.5cm 이하인 작은 편, 6cm 이상인 큰 편으로 나눈다. 손톱 모양, 버들잎 모양, 직사각형 모양, 코끼리 눈 모양, 초승달 모양, 빗 모양 등이 있으며, 음식의 용도에 맞게 편 썰기를 선택한다.

사絲

한식에서 채 써는 것처럼 하는 것을 사라 한다. 일반적으로 길이 5~6cm, 두께는 0.3cm 정도로 가늘게 써는데, 중식 쓸 썰기의 특징은 채소나 과일, 육류 등 식품재료의 섬유질을 끊지 않고 살려서 썰기 때문에 아무리 가는 쓸로 썰어도 중간에 부서지거나 절단되는 경우가 없다.

괴塊

식품재료를 덩어리 형태의 모양으로 하여 수직으로 자르고 토막을 써는 것(직도법)을 말한다. 괴의 기본 크기는 폭과 두께에 관계없이 2.5cm 정도로 자른다.

많이 이용하는 형태에는 마름모꼴 썰기(릉형괴), 재료를 돌리면서 도톰하게 썰기(곤도괴), 기와 모양으로 썰기(와괴), 직사각형으로 썰기(골패괴), 도끼 모양으로 썰기(부두괴), 주사위 형태로 썰기(방형괴) 등이 있다.

정丁

식품재료를 사각형 모양으로 써는 형태로, 자르는 방법은 먼저 조 형태로 썬 다음 색자(주사위) 모양으로 자르면 된다. 정은 모양에 따라 대방정(1.2cm 크기의 주사위 모양), 소방정(0.8cm 크기의 주사위 모양), 감람정(올리브 열매 모양) 등이 있다. 식감이 좋은 육류나 사각거리는 과채류를 썰 때 적당하다.

조條

막대 모양으로 써는 것으로 일반적으로 길이는 5~6cm, 두께는 0.6~1.0cm의 길쭉한 형태로 써는 것이 적당하다.

육류나 생선처럼 탄력성이 있는 재료는 밀어썰기나 당겨썰기를 하는 것이 좋고, 식감이 아삭한 채소는 직도법(수직으로 써는 법)으로 썰어야 한다. 또한 식품재료의 결 방향에 따라 결대로 썰거나 가로썰기, 어슷썰기 등으로 썬다.

미米

미는 식품재료를 쌀알 크기로 자르는 방법으로, 쓸(사)로 썬 것을 다시 미립 형태로 잘게 써는 것을 말한다.

말末

말은 참깨 크기로 잘게 다진 도공법이다. 육류나 향신료 등을 다룰 때 많이 활용한다.

용니茸尼

용니는 식품재료의 껍질, 뼈, 힘줄을 제거한 후 칼로 아주 곱게 다지는 것을 말한다. 닭고기나 생선, 새우요리에서 점성과 입 안에서 느끼는 감촉을 증가시키기 위해 돼지 지방을 곱게 다져 넣기도 한다.

재료에 따른 조리방법

육류

돼지고기

돼지고기는 연한 분홍색을 띠며 탄력이 있고, 근육 사이사이에 흰색 지방이 잘 발달된 마블링을 형성한 것이 좋으며, 지방은 흰색을 띠는 것이 좋다. 돼지고기는 조리 후 고기 특유의 누린내가 나므로 이를 제거하기 위하여 마늘이나 생강, 양파, 대파 등의 향신 조미료를 넣거나 술, 장류 등을 넣어 조리하는 것이 좋다.

돼지고기는 표고버섯과 함께 조리하면 잘 어울리며, 돼지고기의 찬 성질은 마늘, 대파, 생강 등을 활용하여 중화시켜 준다. 두반장은 구수한 맛을 내는 콩, 매운맛을 내는 고추로 만든 양념으로 돼지고기와 함께 사용하면 좋다.

쇠고기

쇠고기는 선홍색을 띠며 탄력이 있고 근육 사이에 흰색 지방이 잘 발달된 마블링을 형성한 고기가 부드럽고 상품 가치가 높다. 쇠고기의 핏물은 국물요리를 만들 때 단백질의 변성을 일으켜 거품을 만들어내고 육수를 흐리게 하므로 반드시 핏물을 제거한 후 사용해야 한다. 또한 고기를 요리에 이용할 때 쓸은 결 반대로 썰고, 편이나 조는 고깃결대로 썰어 사용할 때 고기의 질감을 높일 수 있다.

고기 조리 시 연화시키는 방법에는 기계적으로 두드려 결체조직을 끊어 주는 방법, 효소를 이용하여 결체조직을 끊어 주는 방법 등이 있으며, 청주나 간장, 설탕, 후추 등으로 양념하여 10분 정도 재어 두었다 조리하는 방법 등이 있다.

쇠고기를 조리할 때 고기에 전분, 달걀, 청주, 간장이나 소금을 이용하여 옷을 입혀서 화(중국 요리법 중 하나로 기름에 데치는 방법)한 다음에 조리에 많이 활용한다.

닭고기

맛있는 닭고기를 고르려면 닭의 껍질에 윤기가 돌고 살이 통통한 것으로 선택해야 하며, 조리하기 전 청주나 생강, 대파, 후춧가루, 생강, 마늘 등으로 밑간을 미리해서 닭 냄새를 없앤다.

조리용 닭은 1kg 정도의 크기가 좋고, 삼계탕용 닭은 450g의 영계가 좋다. 닭의 손질법으로는 털은 모두 제거하고 내장을 뺀 부위를 깨끗이 세척하고 각 부위별로 잘라낸 후 냉장 보관한다. 닭은 배쪽을 기준으로 세로로 잘라 등뼈를 제거하고 다리와 날개 부위는 관절 부위에 칼집을 넣어 절단한다. 닭고기는 다른 육류에 비해 칼로리가 낮고 우수한 단백질 공급원이다. 지방은 껍질이나 배 부위에 편재되어 있어 제거하기 쉬우며, 근육 안에는 지방이 적고 몸에 좋은 불포화 지방산이 풍부하다.

어류 및 패류

어류

어류는 식품재료로 사용하기에는 한계점이 있는데 그 이유는, 첫째 어류는 해양에서 잡아서 생산하기 때문에 농산물에 비해 계획생산이 어렵고, 둘째 축산물에 비해 근육조직이 연하고 세균에 오염되기 쉬워 금방 상하고 셋째, 사후강직 후 자가소화에 의해 부패가 빨리 진행되므로 가격의 변동 폭이 크기 때문이다. 하지만 어류는 삼면이 바다인 우리나라에서 중요한 단백질 식품이며, 몸에 좋은 DHA, EPA 등을 비롯한 불포화지방산을 다량 함유하고 있다. 어류는 서식 장소에 따라 해수어와 담수어로 구분하고, 형태에 따라 라운드피시(round fish)와 플랫피시(flat fish)로 구분하며, 지방함량에 따라 저지방생선, 중지방생선, 고지방생선으로 나눈다.

어류의 맛은 연령, 성별, 어장, 부위, 선도, 먹이 등에 따라 다르기는 하지만 보편적으로 산란기 전에 맛이 좋은 물고기가 많다. 중식에서 어류를 이용하여 조리할 때는 보편적으로 북방채北方菜는 튀김과 볶음으로 남방채南方菜는 찜이나 삶기 또는 조림 형태로 요리한다.

패류

패류는 어류에 비해 지미 성분인 핵산, 글루탐산, 호박산 등이 많아 구수하고 시원한 맛을 내며 육수나 요리에 많이 사용한다. 보관방법으로는 주로 건조나 염장 등이 많이 사용되었으며, 최근에는 급속냉동이나 통조림 등의 방법이 발달되었다.

식품재료로 사용할 때 생물일 경우 껍질이 열려 있거나 조리 후에도 입이 열리지 않으면 부패한 것이다.

채소류

채소류는 건강식품으로 각광받는 식품재료로 비타민, 무기질의 주요한 공급원이며 최근에는 피토케미컬(채소의 화학성분)에 대한 긍정적인 효능 때문에 더욱 더 활용도가 높아지고 있다.

채소류는 이용 부위에 따라 경채류(아스파라거스, 셀러리), 엽채류(배추, 양배추, 상추, 시금치, 근대, 아욱), 과채류(오이, 가지, 고추, 호박, 토마토, 아보카도), 근채류(무, 당근, 연근, 우엉), 비늘줄기류(양파, 차이브, 마늘, 샬롯) 등으로 분류한다.

채소를 이용하여 조리할 때는 채소의 식감을 살리기 위해 센 불에서 재빨리 볶아내고 익는 순서에 따라 순차적으로 볶아낸다.

중국음식의 메뉴 구성

중국요리의 기본 코스

중식 코스는 서양요리처럼 시간전개형으로 음식이 서브된다. 즉, 전채, 주요리, 후식을 기본 골격으로 한다. 중국음식에서 메뉴를 중국어로 채단菜單(차이타)이라고 하며, 연회의 성격에 따라 코스의 종류가 많아지기도 한다. 중국인들은 음식의 가짓수를 짝수로 맞추며 보통 전채前菜, 두채頭菜, 주채主菜, 탕채湯菜, 면점面点, 첨채甛菜, 과일水果로 제공한다. 중국요리는 일품요리一品料理, 정탁요리定卓料理, 특별요리特別料理, 주방장 추천요리推薦料理 등으로 구성된다.

전채前菜

맨 처음 나오는 전채요리는 색, 맛, 향이 어울려 앞으로 먹을 음식에 호감을 갖게 한다. 먼저 색으로 눈을 즐겁게 하고, 맛으로 식감을 자극하고, 향으로 오감을 깨워 먹고 싶은 충동을 끌어올리는 역할을 하며 보통은 냉채冷菜 형태로 제공된다. 담아내는 형태에는 접시에 한 가지 종류만 제공하는 냉훈冷葷, 접시에 두 가지 이상 담아내는 냉반冷盤이 있다.

두채頭菜

중식 코스에서 탕채는 일정한 규칙이 있는 것이 아니라 요리의 중간이나 끝에 나올 수도 있다. 즉, 식사 형태로 나올 수도 있고, 수프 형태로 주요리를 먹기 전에 나올 수도 있다. 하지만 연회의 성격에 따라 고급재료로 만든 탕채는 연회 중간(냉채가 끝나고 주채가 나오기 전)에도 나올 수 있다.

이 고급재료로 만든 탕채를 '두채頭菜'라고 하며, 이 두채에 따라 연회의 명칭이 결정된다. 즉, 샥스핀이 두채라면 샥스핀연회, 불도장이 두채라면 불도장연회, 제비집이 두채라면 제비집연회라고 하여 두채의 종류에 따라 중식 코스의 품격이 정해진다.

주채主菜

따차이大菜라고 하는 주요리는 탕湯, 튀김炸, 볶음炒, 유채油菜류 등의 순서로 나오는 것이 일반적이다. 대규모의 연회에서는 찜, 팽 등이 추가된다. 흔히 중국요리는 처음부터 많이 먹으면 나중에 진짜로 맛있는 요리를 못 먹는다고 말하는데 정식 코스에서 다양한 식품재료를 활용한 다채로운 음식이 나오기 때문이다.

또한 우리나라의 국이나 서양의 수프에 해당하는 탕채는 전채가 끝나고 주요리에 들어가기 전에 입안을 깨끗이 가시고 주요리의 식욕을 돋운다는 의미로 나오는 경우와 주채의 중간이나 끝 무렵에 나오는 경우가 있다. 처음에는 걸쭉하거나 국물기가 많은 조림 등을 내며 마지막에는 국물이 많은 요리를 낸다.

- 초채炒菜 : 초채는 볶음요리를 말한다. 탕에 녹말을 넣어서 만드는 것이 일반적인 요리법이며 일상식(가상요리)에서 반찬에 이르기까지 폭넓게 이용되는 요리이다. 중국요리 중 그 가짓수가 가장 많고 해삼요리, 전복요리, 육류요리, 채소요리, 새우요리 등이 있다.

- 젠채煎菜 : 기름에 볶거나 지져서 수분 없이 만드는 요리의 명칭을 젠채라고 한다. 적은 양의 요리를 모양을 예쁘게 해서 내놓기도 한다. 주로 고기나 해물을 이용하여 젠을 한다.

- 짜채炸菜 : 튀김요리는 센 불로 짧은 시간에 열처리한 후에 즉시 먹는 것이 가장 맛이 좋다. 또한 비타민의 파괴가 적으므로 중국음식의 특징인 생식을 적게 하여 발생할 수 있는 영양적인 면도 보완할 수 있는 요리이다. 중국요리에서 짜채는 완성된 요리로 인정하여 줄 뿐 아니라 요리법의 한 단계로 취급하여 북방채에서 많이 활용한다. 튀긴 것을 다시 볶거나 찌거나 류溜를 끼얹기 때문에 대단히 응용범위가 넓다. 튀김요리에는 닭고기튀김, 갈비튀김, 쇠고기튀김 등이 있다.

- 먼채燜菜 : 재료를 잘라서 먼저 물에 끓이거나 기름에 튀긴 후에 다시 소량의 소스와 조미료를 넣어 약한 불로 장시간 삶아 재료를 연하게 하여 수분이 없을 때까지 졸이는 것을 먼채라 하며 대표적인 요리로는 마파두부, 해물냄비 등이 있다.

- 쩡채蒸菜 : 수증기로 익히는 방법에 속하는 것으로, 청증淸蒸, 분증粉蒸, 포증包蒸이 있다. 청증은 조미료에 재서 맛을 배게 한 재료를 그릇에 담가 수증기로 익히는 방법이다. 이런 방법들은 재료의 신선함과 부드러움을 유지할 수 있으며, 푹 삶았지만 잘게 부수어지지 않는다는 장점이 있다. 찜요리에는 닭찜, 삼겹살찜, 생선찜, 상어지느러미찜, 꽃빵, 쇼마이 등이 있다.

- 류채熘菜 : 조미료에 잰 재료를 녹말이나 밀가루 튀김옷을 입혀 기름에 튀기거나 삶거나 찐 뒤, 다시 여러 가지 조미료로 걸쭉한 소스를 만들어 재료 위에 끼얹거나 조리한 재료를 소스에 버무려 묻혀내는 조리법이다. 류채에는 유산슬과 야채요리 등이 있다.

- 돈채炖菜 : 장시간 걸리는 조리법에 속하는 것으로, 약한 불에서 오랜 시간 끓이는 요리를 말한다.

- 고채烤菜 : 건조하고 뜨거운 공기와 복사열로 재료를 직접 익히는 조리법으로 가장 원시적이고 오래된 방법이다. 불꽃에 따라 명화고明火烤, 암화고暗火烤로 나눈다. 한국의 숯불구이와도 유사하다.

면점面点

중식 코스에서 면점은 주채를 다 먹고 식사 형태로 인식하는 경우가 많은데, 원래 정찬 이외에 먹는 밀가루, 쌀가루, 잡곡 등 곡류로 만든 식품을 통칭하여 면점(면식과 점심의 합성어)이라고 한다. 면식面食은 밀가루를 사용하여 만든 음식이고, 점심點心은 식사하기 전에 약간 허기를 달래는 음식이라는 뜻에서 현재는 다양한 종류의 고병, 포자, 교자, 만두, 종자 등을 이른다.

첨채甛菜

코스의 마지막을 장식하는 요리이다. 앞서 먹었던 요리의 맛이 남아 있는 입안을 단맛으로 가시라는 의미를 포함하고 있고, 또한 단맛은 몸과 마음을 편안하게 하여 기분을 좋게 한다. 그러므로 단 음식이 나오면 일단 코스가 끝났다고 보아야 한다.

증蒸, 즙汁, 발사拔絲 등의 방법으로 조리하여 제공하며, 복숭아조림, 중국약식, 사과탕 등과 같이 달콤하고 산뜻한 식품재료를 이용하여 만든다.

중식 정찬을 작성할 때 유의할 점

- 찬 요리를 먼저 내고 뜨거운 요리를 나중에 낸다.
- 연회의 성격에 맞는 두채를 선정하며, 코스의 흐름은 중심요리를 낸 뒤 나머지 요리를 서브하는 형태로 한다.
- 음식의 가짓수는 식탁에 앉을 인원수에 의해 결정한다.
- 음식의 가짓수는 인원수만큼 내거나 그보다 한 가지 정도 많은 것이 통례이며, 가능하면 가짓수는 짝수로 한다.
- 진한 맛의 음식에서 담백한 맛을 내는 음식으로 이어지도록 한다.

- 진한 색에서 연한 색, 바다산물에서 육지산물로 이어지도록 한다.
- 조리방법의 중복을 피하고 볶음, 튀김, 찜 등으로 다양하게 준비한다.
- 주재료와 부재료는 생선, 육류(쇠고기, 돼지고기), 채소, 두부, 면 등이 골고루 들어가도록 한다.
- 단맛, 신맛, 쓴맛, 매운맛, 짠맛의 음식이 골고루 들어가도록 한다.

3_중국요리에 사용하는 식품재료

주재료

중국은 국토가 세계에서 세 번째로 큰 만큼 넓고, 기후 또한 다양하다. 이러한 이유로 각 지역에서 생산되는 다양한 식품재료가 존재한다. 각 지역의 특성에 따라 자연환경, 기후, 지리적인 환경이 다르기 때문에 생산되는 식품의 종류도 매우 다채롭다. 그리고 같은 종류의 식품이라 할지라도 생산되는 산지에 따라 품질의 차이가 발생한다. 예를 들면, 황하黃河의 잉어, 장강長江의 잉어, 강남江南지방에서 양식한 저수지의 잉어는 질적으로 아주 큰 차이가 있으며 그 중 황하의 잉어가 가장 품질이 좋고 맛있는 것으로 알려져 있다.

중식에서 많이 사용하는 채소

중국의 조리방법 중 초炒가 있다. 이 방법은 단시간 내에 볶아내기 때문에 채소요리에 많이 사용한다. 즉, 채소의 아삭아삭하고 촉촉한 질감을 살려 요리를 완성해야 맛있는 채소요리가 된다. 보편적으로 채소요리는 육류나 해물요리의 맛을 더하기 위해 사용하거나, 채소의 감미로운 향취를 살리기 위해 육류나 해물을 더하기도 한다. 하지만 최근의 채소요리는 채소 본연의 맛을 위해 채소만 가지고 요리하는 경향이 높다.

죽순
죽순은 대나무의 땅속줄기에서 돋아나는 어린 연한 싹을 말한다. 채취 시기는 4~6월로 봄 사이에 잠깐 나오는 재료인데다 생것으로 오래 보관하기 힘들어 주로 통조림을 사용한다. 빗살 모양을 살려 사용하며 튀김이나 볶음요리에 어울린다. 중식당에서는 말린 죽순을 사용하는데 이를 간쑨干筍이라고 한다. 건조된 죽순은 쌀뜨물·쌀겨물에 2~5일 불려서 냄새를 희석한 후 사용한다.

죽순

오이

한국에는 1500년 전에 중국을 거쳐 들어온 것으로 알려져 있다. 한국에서 가장 많이 생산되고 있는 채소 가운데 하나로, 널리 재배되는 주요 품종으로는 청장계, 반백계, 백침계, 사엽계, 흑진주계 등이 있다. 오이의 아삭아삭한 맛은 중국 음식의 기름진 맛을 반감시켜 많이 사용하며, 냉채요리에도 사용하고, 고명으로도 사용하며, 북경오리구이에서는 오이를 채 썰어 야빙과 같이 먹기도 한다.

오이

청경채

청경채의 원산지는 중국 화중지방으로, 명칭은 잎과 줄기가 푸른색을 띤 데서 유래하였다. 잎과 줄기가 흰색을 띠는 것은 백경채白莖菜라고 부른다. 대한민국에서 주로 사용하는 것은 잎이 푸른 청경채이다. 청경채는 주로 시설재배를 하며, 생육하는 데 적정한 온도는 15~20℃이고, 발아하는 데 적정한 온도는 20~25℃이다.

중국요리에서는 청경채가 곁들여 먹는 야채로 폭넓게 활용되고 굴소스와 청경채만으로 만든 청채 굴기름소스(호유 사이신) 같은 요리로도 활용된다. 특히 청경채에는 비타민 C나 A가 전구체인 카로틴이 함유되어 있고 칼슘과 칼륨, 나트륨 등의 무기질도 다량 함유되어 있다.

청경채

대파

원산지는 중국 서부로 추정하며, 동양에서는 옛날부터 중요한 채소로 재배하고 있으나 서양에서는 거의 재배하지 않는다. 대파는 요리에서 윗부분인 흰색 부분과 아랫부분인 녹색줄기 부분을 나누어 사용한다.

중국요리에서는 파를 이용하여 기름을 만들어 다양한 종류의 요리에 풍미를 돋워 주는 역할을 한다. 또한 영양학적으로는 대파에 칼슘·염분·비타민 등이 많이 들어 있다.

대파

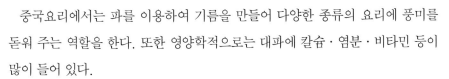

부추

부추

부추의 원산지는 동남아시아와 중국의 서북부이며, 중국에서는 가장 오랫동안 재배해 온 채소 중의 하나이다. 비늘줄기는 건위, 정장, 화상에 사용하고, 씨는 한방에서 구자라 하여 비뇨의 약재로 사용하고, 연한 부분인 줄기와 잎은 요리에 사용한다. 중국요리에서 부추는 특유의 센 불에 살짝 익혀 요리를 완성하며, 특히 겨울이 제철로 육류나 새우 등의 해물과 곁들여 사용하고, 교자의 속재료로 많이 이용한다.

마늘

마늘

마늘의 원산지는 중앙아시아나 이집트로 추정되며, 이집트의 피라미드 비문에 남아 있을 정도로 그 역사가 오래된 식품 중의 하나이다. 마늘은 성질이 뜨거워 신체 구석구석을 따뜻하게 해주고 말초혈관을 확장시켜 혈압을 내려준다. 따라서 손발이 찬 사람이 먹으면 좋다. 특히 마늘즙은 혈중 콜레스테롤 수치를 내려 동맥경화를 예방한다. 또 마늘의 지용성 성분이 혈당과 지질을 낮춰 당뇨치료에 도움이 된다는 연구도 있다. 마늘에는 당질이 19.3%, 지질 0.1%, 무기질 0.5%가 들어 있는데 당질의 대부분이 이당류인 과당이다. 비타민 B_1, B_2, C도 풍부하고, 무기질로는 칼슘, 철분, 유황 등이 많다.

시금치

시금치

조선 초기에 도입된 채소류로 페르시아 지방이 원산지인 1년생 초본식물이다. 시금치에 들어 있는 수산은 칼슘과 결합하여 칼슘의 흡수를 저해하나 요리하면 상당 부분 제거된다. 시금치를 데칠 때 소금을 조금 넣으면, 소금이 엽록소의 용출을 줄여주므로 시금치의 색이 선명해진다.

무

무

원산지는 중국이며, 겨자과에 속하는 1년생 초본이다. 무에는 디아스타아제가 들어 있어 소화를 도와주며, 메틸메르캅탄, 머스타드 오일은 무 특유의 매운맛과 향기 성분을 유발한다.

양파

서아시아 또는 지중해 연안이 원산지라고 추측하고 있으나 아직 야생종이 발견되지 않아 확실하지 않다. 하지만 고대 이집트 고분의 그림에도 나와 있으므로 이를 근거로 연대를 추정하면 재배 역사는 5천 년 이상 되었을 것으로 추측된다. 중국음식에 가장 많이 들어가는 채소 중의 하나가 양파이며 한국의 자장면에도 많이 들어간다. 하지만 요리에 사용할 때는 단맛에 주의해야 한다. 왜냐하면 양파에는 당분이 약 10%나 들어 있어 많이 넣으면 단맛이 강조되어 요리의 풍미를 잃어버릴 수도 있기 때문이다. 양파는 동맥혈관 내벽에 콜레스테롤이나 석회질이 굳어 혈관이 두터워지고 탄력을 잃어 약해지는 것을 방지하는 동맥경화의 묘약이기도 한다.

양파

피망

중앙아메리카가 원산지인 피망은 나라마다 부르는 이름이 조금씩 다르다. 유럽에서는 모든 고추를 파프리카라고 부르며, 영명으로는 'sweet pepper' 또는 'bell pepper'라고 한다. 일본에서는 프랑스어인 'piment'을 발음대로 읽어 피망이라고 부른다. 피망은 15세기 말 콜럼버스가 유럽으로 가져간 것이 계기가 되어 전 세계에 퍼졌다. 피망은 비타민 저장고라고 불릴 만큼 비타민 A, C가 풍부하다. 중국요리에서 풋풋하고 싱그러운 향이 있는 피망을 많이 사용하는데 주로 육류요리에서 센 불에 살짝 익혀 요리하거나 채소류 볶음요리에 많이 사용한다.

피망

고추

당초唐椒, 번초蕃椒라고도 불리는 고추는 남미가 원산지로, 스페인 사람들이 유럽으로 가지고 간 것을 시초로 전 세계로 전파되었다. 우리나라에는 임진왜란 때 일본에서 들어왔다. 고추는 비타민 A, C 함량이 매우 높고 매운맛의 캡사이신은 살균작용과 정장작용에 효과가 있다. 사천지방에서 특히 매운 고추요리가 많은데 보통 고추기름을 만들어 넣기도 하고 신선한 고추에 육류를 곁들여 기름에 살짝 볶아서 먹기도 한다.

고추

양배추

양배추

양배추는 17세기에 산업적으로 가공되기 시작한 최초의 식품으로 배추의 변종이다. 기원전 2500년경 서유럽 해안의 야생종을 피레네 산맥 지방에 살던 바스크인들이 처음으로 사용했다고 전해진다. 중국요리에서 양배추는 폭넓게 사용된다. 특히 청경채와 더불어 육류, 해물 요리에 사용되고 탕요리와 면요리에도 많이 사용된다. 임상학적 효능으로 피를 맑게 하고 위궤양과 통풍을 예방해 준다.

당근

당근

홍당무라고도 하며, 아프가니스탄이 원산지이다. 높이는 1m에 달하고 곧게 자란다. 뿌리는 굵고 곧으며 황색·갈색·붉은색을 띠고 가지가 갈라지며 세로로 모가 난 줄이 있고 퍼진 털이 있다. 당근의 영양소는 카로틴인데, 체내에서 비타민 A로 바뀌기 때문에 비타민 A의 좋은 공급원이다. 중국요리에서는 음식에도 쓰이지만 채소 조각 등 가니시로 많이 사용된다.

브로콜리

브로콜리

지중해 지방 또는 소아시아 원산이다. 양배추의 변종으로 높이 50~80cm이다. 가지가 뻗고 곧추 자라며 중앙 축과 가지 끝에 녹색 꽃눈이 빽빽하게 난다. 브로콜리는 서양요리의 특징을 가지고 있는 광동요리에서 많이 사용한다. 브로콜리는 익혀도 그 색이 선명하므로 기름이나 끓는 물에 살짝 데쳐서 요리에 곁들이는 채소로 많이 이용된다.

양상추

양상추

원산지는 지중해 연안, 서아시아이며, 국화과에 속하는 작물인 양상추는 주로 생식으로 사용하거나 기름에 볶아서 곁들임용으로 많이 사용하는 채소이다. 영양 성분으로 칼슘, 철분, 지용성 비타민인 A의 함유량이 많다.

셀러리

원산지는 남부 유럽, 남아시아, 북아메리카 등이며 미나리과에 속하는 1~2년

초본인 셀러리는 질감이 좋으며 영양도 풍부하다. 특히 칼슘, 철분, 섬유소가 풍부하여 여성에게 좋으며 변비, 간장병, 빈혈이 있는 사람에게는 임상학적 효능이 우수하다.

셀러리

아스파라거스
원산지는 지중해 동부 및 소아시아 지방이며, 백합과에 속하는 다년생 초본인 아스파라거스는 두 종류의 색깔이 있으며 색깔별로 용도가 다르다. 흰 아스파라거스는 희고 유연하며 저장하기 위해서 통조림이나, 병조림으로 많이 사용하고, 푸른 아스파라거스는 아삭아삭하고 신선하여 요리에 바로 사용한다. 특히 아스파라거스의 함질소화합물인 아스파라진은 혈압을 낮추고, 심장맥박을 고르게 하며, 피로회복에도 도움이 된다.

아스파라거스

발채
중국어로 "재물이 불어난다."라는 어감과 같아서 명절음식에 주로 사용하는 발채는 검은 머리카락이 둘둘 말려 있는 가느다란 실 같은 식물에서 채취하여 햇볕에 말린 후에 사용한다. 이 풀은 중국 티베트나 몽고 등 고원 사막지대에 봄철 우기 때만 자라는 이끼류로 처음에는 파란색이지만 말리면 검은색으로 변색된다. 말린 발채는 미리 물에 30분 정도 담가서 불렸다가 사용한다.

발채

중식에서 많이 사용하는 해산물
해산물은 축산물에 비해 결합조직이 적어 부드러우며, 또한 특유의 감칠맛 성분인 타우린, 카르노신, 베타인, 글루타티온, 핵산관련물질, 유리당 등을 함유하고 있어 맛이 특별하다. 하지만 수분이 많고, 아가미, 내장 등은 세균의 침입이 쉬워 부패가 잘 된다.

   DHA, EPA 등을 비롯한 불포화지방산을 다량 함유하고 있으며, 최근에는 건강과 관련하여 해산물의 사용빈도가 증가되고 있으며, 이와 관련된 메뉴의 가짓수도 늘어나고 있다.

해삼海蔘

해삼

쥐를 닮아 바다의 쥐라는 의미의 해서海鼠라고도 불리는 해삼은 담백한 맛을 내며 중국요리에서 많이 사용된다. 사용하는 해삼은 가시가 없는 광삼光蔘과 가시가 있는 자삼刺蔘으로 나누며, 건조 상태에 따라 건해삼과 생해삼이 있는데 건해삼은 해삼을 말린 것으로 색깔이 검고 가시가 돋고 흠이 없는 것을 상품으로 치며, 중식에서는 건해삼을 주로 사용한다.

사용하는 방법은 6일 정도 끓이고 식히기를 반복하여 부드럽게 한 후 사용한다. 해삼을 불릴 때는 기름기와 염분이 있으면 안 된다. 해삼에 염분이 있으면 모양이 뒤틀리고 잘 불지 않으며, 기름기가 있으면 해삼 표면이 녹기 때문이다. 내장을 빼낼 때는 색이 연한 배 부분을 갈라서 제거한다.

해삼이 '바다의 인삼'으로 불리는 이유는 그만큼 영양이 풍부하고 신진대사를 활발하게 하고 스태미너에 좋기 때문이다. 해삼에는 치아와 골격형성, 근육의 이상적인 수축과 이완, 혈액 응고 등의 생리작용에 필수적인 칼슘과 철분이 많이 들어 있다. 특히 황산콘드로이틴이라는 성분이 있어 피부와 혈관의 노화를 막고 동맥경화, 고지혈증을 예방할 수 있다. 타닌 성분은 암과 위궤양에 약효를 발휘하며, 타우린은 간장의 기능을 원활하게 한다.

제비집金絲燕窩

명의 초기 환관이었던 정화鄭和는 수군水軍을 이끌고 동남아를 평정하고 멀리 아라비아 반도까지 내려갔다. 그 이후 동남아의 해상 세력들은 명나라 수군의 영향을 받았고, 그 틈을 타서 중국 남쪽에 살던 중국 사람들이 항구를 중심으로 동남아 전 지역으로 퍼져 나가게 된다. 이러한 역사적 사건은 화교 세력의 태동을 이끌어 냈다. 지금부터 200여 년 전 태국에 살던 한 화교가 신기한 것을 발견하였다. 태국의 여러 섬에 날아다니는 바다제비燕가 집을 짓고 있는 것이다. 제비 암수가 날아다니는데 집을 지을 때는 수컷이 바위 위에 자신의 침을 내어 줄줄이 둥지를 만들고 있었다. 마치 누에가 실을 뽑는 형상으로 그 색깔이 눈부시게 희었다. 그 이후 제비집이 눈부시게 깨끗하고 물에 넣으면 부풀어 오른다는 것을 알게 되었다. 항상 음식재료에 관심을 갖고 있던 중국인은 이것을 요리의 재료로 사용할 수 있다고 판단하였다. 그는 당시 태국 국왕에게 그 제비집 채취 권리를 획득하고 근해 바위섬에 지천으로 널려 있는 흰 제비집白燕을 채취하여 요리하였는데 이것이 유명한 제비집(Bird nest) 요리다.

그 후 중국 화교들이 이 요리를 북경의 청 황제에게 진상하였더니 황제도 좋아하였다고 한다. 그 이후로 태국 화교들은 주기적으로 이 제비집을 황실에 진상하여 그 후 관제라는 이름이 붙었다고 한다. 이 제비집은 둥지 모양이 완전하고, 크고 두껍고, 색이 희고 반투명하며, 밑바닥에 제비 깃털이 적게 든 것을 최고 상품으로 친다. 제비집은 따뜻한 물에 3~4시간 담가 불려 이물질을 제거하고 끓는 물에 신속하게 데쳐 부드럽게 하여 용도에 맞게 탕이나 단맛이 나는 점체류에 사용한다. 제비집은 그 품질에 따라 관옌, 모옌, 옌쓰 등으로 나뉜다.

- 관옌官嘛: 중국 황실에서 사용하던 최고급품으로 색이 투명하고, 털 등 잡물이 전혀 섞이지 않은 것으로 모양에 따라 용아龍牙, 연잔燕盞이라고 부른다.

- 모옌毛嘛: 일명 회연灰嘛이라고도 하는데 회색빛을 띠고 제비털과 잡물이 조금 섞인 중품이다.

- 옌쓰嘛絲: 모옌보다 색이 탁하고 이물질이 많이 섞여 있어서 바로 사용하기가 힘들며, 형태가 흐트러진 하품이다.

상어지느러미魚翅

중국어로 위츠魚翅라고 하는 샥스핀은 상어지느러미를 말린 것으로 중국 3대 진미(전복, 제비집) 중의 하나로 광동지방에는 '無翅不成席(샥스핀이 없으면 연회라 말할 수 없다.)'라는 말이 있을 정도로 중국인들에게는 없어서는 안 될 귀한 고급 식재료이다. 샥스핀은 중국 명나라 때 요리용으로 처음 문헌에 나오는데 다음과 같이 기록되어 있다. 명나라 함대가 중국에서부터 아프리카까지 긴 항해를 시작하였고 동남아 해역을 지나던 중에 식량이 바닥났는데, 그때 원주민들이 상어를 잡아먹고 버린 지느러미를 보고 그것을 끓여 먹게 되었다. 그 이후부터 중국인들의 식탁에 샥스핀(상어지느러미)이 오른다.

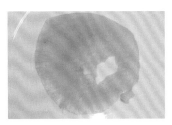
상어지느러미

일반적으로 샥스핀은 무색, 무미, 무취로 말린 샥스핀을 육수에 불리거나 그릇에 담아 찌는 과정을 거친 후에 다양하게 요리하여 먹는다.

샥스핀은 상어의 종류, 부위, 취급법, 색깔, 형태에 따라 맛에 차이가 나는데,

색깔에 따라 노랑, 흰색, 회색, 청색, 검정, 여러 색이 섞인 것 등 여섯 종류로 나뉜다. 황색, 흰색, 회색이 품질이 우수하다. 부위별로 등지느러미, 가슴지느러미, 배지느러미, 꼬리지느러미 등이 있는데, 이 중 등지느러미 부분에 비계와 비슷한 육질이 한 겹씩을 들어 있고, 지느러미힘줄이 층층이 안에 들어 있으며, 콜로이드가 비교적 풍부하여 제일로 친다. 가슴지느러미는 껍질이 얇고 지느러미 힘줄이 짧고 가늘며 육질이 부드러워 품질이 떨어진다. 배지느러미는 형태가 작아 품질도 떨어지며, 꼬리지느러미의 상어지느러미 부위 중에서 가장 품질이 떨어진다. 가공된 상어지느러미는 외관상 흠집이 적고, 지느러미의 힘줄이 굵고 길며, 색이 밝고 빛나는 것이 좋다. 산지와 말리는 법에 따라 담수시淡水翅와 염수시鹽水翅로 구분된다. 담수시는 품질이 좋으며, 염수시는 품질이 떨어진다. 형태에 따라 원형 그대로인 것을 배시排翅, 흩어지는 것을 산시散翅라고 한다.

최근에 나온 영양정보 중 샥스핀에 대한 자료를 살펴보면 샥스핀(상어지느러미)의 주성분은 콜라겐이며 이 단백질 성분은 생선, 달걀, 우유에 들어 있는 완전 단백질이 아닌 트립토판과 시스테인이 결핍된 불완전 단백질이다. 또한 해양 오염에 의해 최상위 포식자인 상어는 체내에 중금속 함유량도 높은 것으로 조사되었다.

건패乾貝

패총류, 키조개, 가리비 등의 살을 골라서 햇빛에 말린 것으로 중국요리에서 육수를 내거나 소스를 만들 때 많이 이용된다. 건패를 이용한 소스 중 우리가 가장 손쉽게 볼 수 있는 XO소스도 이 건패를 이용하여 만든 것이며, 건패가 우러난 육수는 샥스핀탕이나 연화탕 등 고급요리에 많이 사용한다.

하이미蝦米

대하, 민물새우, 백새우와 홍새우 등 각종 새우를 소금에 삶거나 쪄서 말린 다음 껍질과 머리 부분을 없앤 것이다. 하미는 종류에 따라 감자미柑子米, 해미海味, 호미湖米로 나눈다. 감자미는 어린 대하로, 해미는 백새우와 홍새우를, 호미는 민물새우를 이용하여 만든다.

해파리

해파리는 바다에 떠 있는 달과 같다 하여 해월이라고도 부른다. 해파리는 95%가 물이고 나머지는 한천질이나 젤라틴이어서 투명한 막처럼 생겼으며 지방이나 당분이 거의 없어 건강식으로 우수한 식품이다. 중국음식에서 해파리는 명반과 수분으로 압착하여 수분을 없애고 깨끗이 씻은 뒤 다시 소금에 절인 것이다. 이처럼 1차 가공된 식자재 해파리는 갓 부분과 다리 부분으로 나눌 수 있고 갓 부분은 두께 2mm 전후에 직경 15~45cm에 이르는 원형으로 냉채용 해파리, 전채요리, 초밥용 해파리 등에 사용하고, 다리 부분은 중국과 일본, 태국 등에서 식자재로 사용하고 있으며 최근 우리나라에서도 다리 부분의 소비가 증가하고 있는 추세이다. 중식에서 해파리 갓 부분은 맨 처음 나오는 전채류에 많이 이용되고 있다. 식용해파리 100g 중 영양소 함량을 살펴보면 수분 65g, 단백질 12.3g, 지방 0.1g, 당질 4g, 무기질 18.7g, 칼슘 182mg, 철 9.5mg, 비타민 B_1, B_2가 미량 포함되어 있다.

해파리

전복

중국요리에서 4대 해산물(샥스핀, 해삼, 부레, 전복) 중 하나인 전복은 수심 50m 이내의 맑은 바다에 서식하고 겨울철(11~1월 사이)에 산란하며 몸이 큰 타원형 형태로 단백질을 비롯해 칼슘, 철, 요오드와 같은 광물질과 비타민이 풍부하며 지질의 함량은 적은 편이라 건강식으로 각광받고 있다.

전복

전복은 연황색으로 맑고 투명하며 탄력성이 있는 것이 좋다. 중식당에서는 건전복도 많이 사용하며 광택이 있고 타원형으로 크기가 고르며 잘 마른 것을 상품으로 친다.

중식에서 많이 사용하는 버섯류

엽록체가 없어 기생하는 균류인 버섯은 영양기관인 균사체와 번식기관인 자실체로 구성되어 있으며, 독특하고 향긋한 냄새로 널리 식용되거나 약용으로 쓰이지만 목숨을 앗아가는 독버섯도 있어 주의해야 한다.

버섯의 구성성분은 90% 정도의 수분과 6% 정도의 당질, 1% 정도의 섬유소, 3% 정도의 단백질, 0.2% 정도의 지질로 되어 있다. 이러한 구성성분때문에 현대인에게 건강식으로 각광받고 있다.

목이버섯黑木耳

사람의 귀와 흡사하여 목이버섯이라고도 하는 목이버섯은 고목에 기생하는 버

목이버섯

섯류로 흑채黑菜라고도 한다. 색상이 검고 빛나며, 육질이 얇고 송이가 크고 부드러우며 잡물이 없고 잘게 부서지지 않고 썩지 않은 것이 가장 상품이다.

목이버섯은 단백질, 지방, 당, 칼슘, 인, 철분, 카로틴, 티아민, 리보플라빈, 니코틴산 이외에도 인지질, 피토스테롤(식물스테롤)을 함유하고 있어 혈압과 혈중 지질 농도를 낮추고 심장병을 예방하며 항암작용을 한다.

(흑)목이버섯을 주재료로 하는 경우 초炒, 회燴 조리방법으로 요리를 완성한다.

백목이버섯

백목이버섯白木耳

백목이버섯은 탄수화물, 단백질, 인, 철분, 칼슘 등을 함유하고 있어 음陰을 촉촉이 기르고 폐肺를 윤택하게 하며 위胃를 기르고 진액을 생성시키는 등의 보익 작용이 있다. 건조된 백목이버섯을 물에 불려 주로 탕요리나 면점류에 사용한다.

향고

향고香菇

표고버섯을 지칭하는 용어로, 모양은 원형, 타원형으로 고르고 일정하며, 갓이 70% 정도로 피어 있으며, 고유의 모양을 갖추고, 연갈색 바탕에 거북이 등처럼 갈라져 흰줄무늬가 있는 것으로, 적당한 육질을 갖고 광택이 나며 전체가 오그라드는 모양을 하고 두꺼운 것이 좋다. 이것을 기준으로 표고의 품질을 구분하면 종류는 화고, 동고, 향고, 향신, 등외 등으로 나눌 수 있다.

화고는 갓이 피지 않은 상태로 모양이 균일하고 연갈색 바탕에 거북이 등처럼 갈라져 흰줄무늬가 있는 것을 말한다. 흰줄무늬가 많으면 백화고白花菇, 검은 바탕이 많으면 흑화고黑花菇라 한다. 동고는 갓이 50% 미만으로 피어 있는 상태로 모양은 둥근 형태로 갓이 작고 오므라져 있다. 봄·가을에 생산된 표고버섯은 짙은 흑갈색이며, 여름에 생산된 표고버섯은 옅은 갈색을 띤다. 향고는 갓이 약간 만개한 상태로 표고버섯 고유의 모양을 갖추지 못하였고, 옅은 노란색을 나타낸다. 향신은 갓이 90% 이상 피어 있는 상태로 모양은 넓고 크며 색은 누런빛을 가지고 있다. 등외는 갓은 활짝 만개하였고, 두께는 얇으며, 일정한 모양을 갖추지 못한 상태이다.

중국요리에는 향고가 들어가서 풍미를 더해 주지만 너무 많은 양을 넣으면 주재료의 맛을 반감시킬 우려가 있어서 주의해야 한다.

초고버섯

초고버섯은 중국요리에 다양하게 사용되는 버섯으로 맛이 신선하고 아삭거리며 촉감이 우수하다. 여름이 제철이며 재배지가 중국 동남부라서 광동요리나 복건요리에 많이 사용한다.

식품의 영양학적 성분이 우수하며 특히 17종의 아미노산 중 체내에서 합성되지 않는 필수 아미노산이 8종이나 들어 있어 성장기 어린이, 회복기 환자에게 좋다. 임상학적 효능으로 콜레스테롤 수치를 내려주고, 항암작용을 하는 것으로 알려져 있다.

송이버섯

가을버섯의 황제인 송이버섯은 가을에 주로 적송림의 지상에 군생하며 균륜을 만들기도 하고, 솔송나무, 잣나무 군락에서도 자생한다. 송이의 균사는 이러한 수종樹種의 살아 있는 나무의 가는 뿌리에 달라붙어 외생균근을 형성하며 생활한다. 송이버섯의 형태는 갓의 지름이 8~10cm 정도이고, 표면에는 회갈색 또는 섬유 모양의 짙은 갈색 비늘이 있으며, 자루는 원통 모양이고, 흰색이다.

송이버섯

송이버섯의 등급은 1급, 2급, 3급, 등외로 구분한다. 구분하는 기준으로는 길이, 갓의 상태, 자루, 벌레유무, 성장 형태 등을 본다. 1급은 8cm 내외로 송이의 갓이 퍼지지 않았으며 자루는 균일한 상태이다. 2급은 6~8cm 정도이며 송이의 갓이 약간 핀(1/3 정도 퍼진 것) 상태이다. 3급은 길이 6cm 미만이며 갓이 반쯤 핀(1/3 이상 퍼진 것) 상태이다. 등외품은 기형으로 자란 것, 파손된 것, 벌레 먹은 것이다.

송이버섯은 신선도가 중요한 버섯으로 저장할 때 솔잎과 같이 저장하며, 요리할 때는 향이 달아나지 않도록 송이버섯에 부착된 흙만 살살 털어 내거나 밑동 부분만 물에 살짝 씻어 사용한다. 송이버섯의 효능으로는 위암, 직장암의 발생을 억제하는 항암작용이 있다.

양송이버섯

양송이버섯은 송이버섯과의 담자균류에 속하는 식용버섯으로 향과 맛이 뛰어나다. 신선한 양송이버섯의 색상은 우윳빛을 띠고, 광택이 있으며, 갓이 피어나지 않

양송이버섯

고 모양이 둥글며, 향이 좋고 육질이 적당하며, 이물질의 부착이 없는 것이 좋다.

중식에서 양송이버섯은 탕이나 육류나 해산물의 부재료로 많이 사용되며, 요리에 사용할 때는 겉껍질을 벗겨내고 사용해야 먹을 때 이물감이 없다.

죽생

죽삼이라고도 하는 죽생은 흰망태버섯으로, 대나무숲에서 새벽 이슬이 머무는 즈음에 1시간 정도 피어올랐다가 금세 녹아버리기 때문에 채취가 어렵다. 형태는 머리 부분에 종 모양의 덮개가 있고 덮개 아래에 흰색의 그물망이 밑으로 드리워져 있다. 덮개는 붉은색이며 표면은 악취가 나는 점액으로 덮여 있는데 이 부분을 없애고 말리면 향기롭다. 길이는 10~15cm로 망이 파괴되지 않고 색이 황백색을 띠는 것이 좋다. 사용하는 방법은 미지근한 물에 30분 가량 담갔다가 다시 온수를 넣고 흑점과 불순물을 없애고 미지근한 물에 담가두는 것이다. 다 불은 죽생은 흰빛에 가까운 엷은 노란색을 띤다.

중식에서 많이 사용하는 곡류

곡류는 화본과에 속하며 미곡류, 맥류, 잡곡류로 분류한다. 미곡류에는 쌀, 맥류에는 밀, 보리, 귀리, 호밀, 라이밀, 잡곡류에는 옥수수, 조, 수수, 기장, 메밀, 율무 등이 있다.

전분澱粉

중국요리에 많이 쓰는 녹말에는 고구마전분, 감자전분, 옥수수전분, 녹두가루, 소맥전분, 완두가루 등이 있다.

중국요리에서 전분을 많이 사용하는 지역은 산동지방으로 그 이유는 다양하다. 첫째, 음식의 온도를 유지해 주는 역할을 한다. 둘째, 산동요리는 다양한 식품재료를 이용하여 완성하는 경우가 많은데 이때 전분이 접착제 역할을 하여 음식을 쉽게 먹을 수 있도록 한다. 셋째, 음식에서 전분은 완성된 요리의 재료들을 코팅하는 역할을 하여 음식을 편하게 먹을 수 있도록 한다. 넷째, 탕의 농도를 걸쭉하게 만드는 역할을 한다. 다섯째, 튀김요리에서 전분을 사용하면 바삭거린다. 이때 사용하는 전분은 물전분이다. 전분과 물의 비율을 1:1로 하여 하루 정도 냉장고에 보관하면 전분과 물이 분리되는데 위에 뜨는 물은 버리고 바닥에 가라앉은 전분만을 사용하여 만든 것을 물전분이라 한다. 현재는 용도에 맞게 물전분과 가루전분을 섞어서 사용하는 곳이 많다.

누룽지鍋色

누룽지는 쌀이나 보리·콩 같은 것들이 그대로 솥 밑바닥에 눌어붙어 된 것으로, 그 재료에 따라 쌀누룽지·보리누룽지·콩누룽지 등으로 나뉜다. 중식에서 사용하는 누룽지는 찹쌀을 쪄서 팬에 납작하게 펴 누른 것이다. 누룽지를 잘 튀겨 소스를 누룽지 위에 부으면 '치익칙'하는 소리가 나며 누룽지탕이 된다. 유명한 요리로는 산랄과파포어, 과파하이쓴, 취과파 등이 있고, 한국식 중국요리로는 해선누룽지탕, 삼선누룽지탕 등이 있다.

누룽지

당면糖麵

중국 북부가 원산지이고 원료인 녹말을 열탕에서 반죽하여 풀처럼 만들어 40℃ 정도의 더운 물을 붓고 치댄 후 구멍이 많이 뚫린 국수틀을 통해 끓는 물이 있는 솥에 넣는다. 국수가 익어 떠오르면 건져내어 물통에 넣고 식힌 다음 얼린다. 이 것들을 냉수에 다시 녹여 햇볕에 말린 후 제품화한다.

시미로西米露

시미로는 타피오카를 갈아 전분으로 만든 식재료로 후식으로 많이 사용한다. 시미를 끓는 물에 넣으면 어느 순간 투명하게 변한 시미가 이슬처럼 위로 떠오른다. 그 모습이 이슬처럼 영롱하여 이슬로露를 붙여 시미로라 한다. 떠오른 시미로를 찬물에 식히고 전분기를 제거하여 용도에 맞게 사용한다.

시미로

중식에서 많이 사용하는 조미식품재료

조미식품재료는 식품의 맛을 향상시킬 목적으로 이용된다. 그러므로 그 자체의 맛보다는 음식의 맛을 향상시키는 물질을 말한다. 만드는 방법은 천연식품으로부터 조미성분을 추출·농축하여 사용하거나 발효에 의해서 만들기도 하며 화학물질의 합성으로 만드는 것도 있다.

특히 중국요리에서 조미식품재료는 다양하게 사용된다. 첫째, 음식의 밑간을 할 때 사용하거나 요리의 완성단계에서 사용하여 한 가지 요리를 만들 때 보통 두 번의 조미료를 첨가한다. 둘째, 요리를 완성할 때 여러 가지 조미료를 복합적으로 사용하여 복잡하고 독특한 맛을 낸다. 셋째, 조미식품재료를 첨가하는 순서에 따라 다른 색과 맛을 만들어 낼 수 있다.

춘장

춘장은 중국의 산동지역에서 만들어 먹던 취홍장이 한국인의 입맛에 맞게 변형된 장류이다. 재료는 대두, 밀가루, 소금, 누룩을 4개월 이상 발효시켜서 만든다. 품질이 좋은 춘장은 향이 좋으며, 짙은 갈색을 띠는 것이 특징이다.

노두유老頭油

노추라고도 하며 광동요리에서 많이 사용하는 색깔이 진한 간장으로 맛은 약간 달고 연한 짠맛을 가지고 있다. 사용하는 재료는 대두, 밀가루, 설탕, 캐러멜 등이다.

노두유

파기름葱油

총유葱油라고도 하는 파기름은 대파의 향긋한 냄새와 맛이 있는 기름이다. 만드는 방법은 식용유 4L에 대파 1kg(기호에 따라 양파, 화조, 생강을 사용)을 넣고 가열하여 대파가 갈색이 나도록 하다가 완전히 대파 색깔이 변하면 불에서 내린다. 요리에 파기름을 사용하면 음식에 잡맛이 없어지고, 풍미가 더해진다.

고추기름辣油

사천요리나 매운맛을 내는 요리에 사용되는 주요한 조미식품재료로, 만드는 방법은 그릇에 기름과 고춧가루를 1대 1로 잘 혼합시키고, 팬에 5배의 기름을 붓고 끓이다가 150℃ 정도가 되면 기름에 혼합시켜 고춧가루에 붓고 타지 않도록 잘 저어준다. 기호에 따라 생강, 대파, 산초가루를 사용하기도 한다. 식으면 용도에 맞게 사용한다.

굴소스蚝油

굴기름이라고도 하며 중국요리에서 폭넓게 사용하는 조미식품재료로, 만드는 방법은 굴을 으깬 다음 바싹 졸여서 소금에 절여 발효시킨다. 짙은 갈색을 띠며 걸쭉한 느낌이 든다. 짠맛에 달고 고소하며 신선한 바다 향이 감돈다.

해선장海鮮醬

산동요리에 많이 사용하는 장류로 대두, 밀가루, 고추, 마늘 등을 넣어 발효시킨다. 맛은 약간 짜고 산뜻하다. 중식당에서는 요리에 사용하기도 하고 테이블 양념으로 고객이 직접 식성에 맞게 사용하기도 한다.

해선장

두반장豆瓣醬

중국요리에서 라유와 함께 매운맛의 기초가 되는 장류로 생고추, 대두, 참기름 등을 넣어 만든다. 이때 콩을 완전히 으깨지 않은 상태로 만드는 것이 특징이다. 푹 고는 요리, 볶음요리, 튀김요리, 소스의 밑재료, 테이블 양념으로 사용하며 보관할 때는 변질의 위험이 있어 기름으로 마무리하여 보관한다.

두반장

XO소스

최고로 탁월하다는 뜻의 XO소스는 1980년대 홍콩조리사들이 사용하기 시작하였다. 돼지 다리로 만든 중국햄, 말린 해산물, 조개, 새우, 전복, 마늘, 건고추, 굴즙, 향신료 등을 곱게 갈아서 기름에 한 번 튀겨낸 다음 고추기름에 다시 볶아서 만들어 낸 매운맛이 나는 소스이다. 소스의 특성상 해물요리에 사용하면 맛이 더욱 풍부해진다.

XO 소스

중화마늘콩소스豆豉醬

중화마늘콩소스는 발효검은콩과 마늘을 다져서 혼합하여 갖은 양념을 첨가하여 만든 소스로 맛은 고소하며 약간 짜다. 육류나 가금류요리에 적당하며 생선요리에 사용하면 어취를 없애 주는 작용을 한다.

중화고추마늘소스蒜蓉辣椒醬

절임고추와 마늘, 쌀식초로 만든 소스로 육류, 해물요리에 잘 어울리며, 고추와 마늘의 매콤하고 알싸한 향이 좋은 조미식품재료이다.

중화고추마늘소스 중화매실소스

중화매실소스蘇梅醬

발효매실, 쌀식초, 생강, 고추로 만든 소스로 맛이 달고 시큼하며 통날개구이, 생선튀김 등에 주로 사용된다.

중화바베큐소스 叉燒醬

발효대두, 벌꿀, 간장, 마늘, 식초로 만든 소스로 달달하고 짭조름한 맛이 나며 돼지고기, 닭고기, 양고기, 쇠고기를 구울 때 알맞은 조미식품재료이다.

중화바베큐소스

땅콩버터 花生醬奶油

땅콩버터에는 불포화지방성분이 많아 몸에 유익하고 음식에 사용하면 부드러운 풍미를 주기 때문에 매운 소스에 혼합하여 사용하거나 중화냉면에 소스로 이용한다.

땅콩버터

오향가루 五香粉

진피(귤껍질을 말린 것), 화조, 팔각, 회향, 계피, 정향 등을 가루로 만들어서 합친 중국 요리특유의 향신료로, 고기나 생선, 내장 등의 조림요리에 넣어 냄새나 비린내를 없앤다.

약이 되는 식품재료

중국인의 음식세계에는 약식동원이라는 개념이 있다. 이는 질병치료를 위해 사용하는 약물과 일상적으로 섭취하는 음식물의 근원이 동일하다는 뜻이다. 즉, 약으로 몸을 보호하는 것과 건강한 생활을 하기 위하여 음식으로 신체를 유지하는 것이 궁극적으로는 같은 개념이라는 것이다. 의학의 아버지인 히포크라테스는 음식으로 고치지 못하는 병은 약으로도 고치지 못한다고 하였다. 이렇듯 음식과 약물은 뗄 수 없는 상관관계가 있다. 특히 한약재로 쓰이는 재료는 자연계에 존재하는 동물, 식물, 광물 등에서 얻어지는데, 이는 실험실이나 공장에서 생산되는 인위적인 양약과는 달리 식품재료처럼 대부분이 자연에서 얻어진다. 약의 성능과 음식물로서의 성능이 서로 공존하여 필요에 따라 음식물로 섭취하기도 하고, 약물로 복용하기도 하는 이른바 약용식물로서의 의미인 것이다. 주변에서 흔히 볼 수 있는 약용식물에는 칡뿌리인 갈근葛根, 도라지인 질경桔梗, 은행인 백과白果, 산딸기인 복분자覆盆子, 마인 산약山藥, 오디인 상심자桑椹子, 율무쌀인 의이인薏苡仁 등이 있다.

구기자

구기자나무의 열매이다. 맛이 달고 자극적이지 않은 편한 성질로, 간과 신장의 기능을 활발하게 하여 눈을 맑게 한다. 허리와 무릎이 시리고 아플 때, 머리가 어지럽고 눈이 침침할 때 효과가 있다.

구기자

대추

대추나무의 열매이다. 달고 따뜻한 성질로, 비위를 보하고 진액과 기를 만든다. 대추에는 당분, 단백질, 비타민이 많다. 일반적으로 신경안정효과가 있어 불안, 초조, 신경과민으로 인한 불면증에 좋다고 알려져 있다.

대추

백합

백합은 백합의 비늘줄기이다. 기침을 멎게 하고 심장의 열을 내려 신경을 안정시킨다. 기침이 오래갈 때, 가래 속에 피가 섞여 나올 때, 경기가 있을 때 먹으면 좋다.

백합

연밥

연밥은 수련과 식물인 연의 씨를 말린 것이다. 맛은 달고 떫다. 신경안정효과가 있다. 신장과 비장을 튼튼하게 하므로 냉대하 증상이나 비장이 허해 생긴 설사 등에 좋다.

산마

산마

산마는 참마의 줄기를 말린 것이다. 맛이 달고 평한 성질로, 비장과 신장의 기능을 강화한다. 오줌소태나 유정, 또 비장이 허해 생긴 설사 등에 치료효과가 있다.

여지

여지는 무환자과 식물인 여지의 열매이다. 맛은 달고 시고 떫다. 따뜻한 성질로,

여지

간과 비장에 이롭고 정신을 편안하게 하는 효능이 있다. 어린이 야뇨증과 빈혈에 좋다.

은행

은행

은행과 식물인 은행의 성숙한 씨로, 맛이 달고 쓰며 평한 성질이 있다. 기침, 가래, 대한, 유정, 빈뇨 등에 효과가 있다.

잣

잣은 지방이 많아 배변에 도움이 된다. 맛이 달고 미온한 성질이 있으며 폐와 장 기능을 활발하게 하고 풍을 막아 준다. 관절통, 변비, 마른기침, 어지럼증 등에 적합하다. 오래 먹으면 피부가 고와진다.

산사

산사

배나무과에 속하는 산사나무의 익은 열매를 햇볕에 말린 것이다. 식욕을 돋우고 소화가 잘 되게 하여 체기를 풀어 준다. 어혈을 풀고 설사를 멎게 하는 효능이 있어, 세균성 이질에 좋다. 혈압을 내리고 심장을 강하게 한다.

천궁

천궁

미나리과에 속한 천궁의 뿌리줄기이다. 혈액순환을 좋게 해 당귀와 적절히 섞어 쓰면 조혈작용을 촉진하므로 빈혈에 좋다. 또 기의 순환을 원할하게 하여 충을 막고, 통증을 멎게 하므로 두통, 폐경, 복통, 타박상 등에 좋다.

복령

복령

복령은 소나무를 잘라낸 뒤뿌리에서 자생하는 균을 말린 것이다. 맛이 달고 평한 성질이 있으며, 수분대사를 순조롭게 한다. 신장염이나 방광염 등으로 인해 소변 보기가 나쁘고 부종이 있을 때 효과가 있다. 속이 더부룩할 때, 구토, 설사, 건망증 등에도 좋다.

백출

국화과에 속하는 백출의 뿌리줄기로, 맛이 달면서도 쓰고 따뜻한 성질이 있다. 비장을 튼튼하게 한다. 기를 이롭게 하고 체내의 습한 기운을 없애 수분대사를 돕고 땀나는 것을 막아 준다. 비위가 약하고 식욕이 없으며 무기력하고 수종, 설사, 소변을 잘 보지 못하는 사람에게 좋다. 비타민 A가 들어 있다.

백출

용안육

용안은 맛이 달고 따뜻한 성질로, 심장과 비장에 이롭고 기와 혈을 보한다. 신경을 안정시키므로 불편, 가슴 두근거림, 일상적인 스트레스 완화에 좋다. 마른기침이 있거나 열병으로 체액이 부족하고 입이 마를 때도 효과가 있다.

용안육

당귀

미나리과에 속한 참당귀의 뿌리를 당귀라 한다. 쿠마린이 들어 있다. 맛이 달고 매우며 따뜻한 성질로, 대표적인 보혈제이다. 조혈기능을 촉진하므로 빈혈, 생리불순, 폐경으로 인한 복통, 허혈성 두통, 어지럼증 등에 좋다.

당귀

백편두

백편두는 콩과 식물로 비장을 튼튼하게 하고 더위와 습기를 없앤다. 비위가 약하거나 더위와 습기로 인한 설사 등에 좋다.

백편두

감초

콩과의 여러해살이 풀인 감초의 뿌리를 말린 것이다. 껍질이 얇고 붉은빛을 띠며 맛이 달수록 좋은 것이다. 맛이 달고 평한 성질이 있으며, 폐에 좋고 해독 작용을 하고 약재들을 조화시키는 효능이 있다. 복통이 있거나 피곤하며 열이 날 때 기침이 심하고 경련이 있을 때 등에 좋다.

인삼

인삼

인삼의 뿌리로 사포닌이 들어 있다. 맛이 달고 약간 쓰며 평한 성질로 원기를 회복시키고 정신을 안정시키며 진액을 생성하는 효능이 있다. 혈액 순환을 좋게 하고, 당뇨병 환자에게는 혈당을 내려 주는 약리 효과가 있다. 과로, 무기력, 구토, 기침, 건망증, 어지럼증, 두통, 잠잘 때 땀이 나는 증상 등에 좋다.

숙지황

숙지황

숙지황은 생지황의 뿌리줄기를 찐 것이다. 당분과 비타민이 주성분이다. 맛이 달고 약간 따뜻한 성질로 음기를 자양하고 혈은 보하는 효능이 있다. 허혈, 폐와 신장기능 저하, 허리와 무릎 증상 등에 좋다. 천궁과 배합해서 쓰면 빈혈에 좋다.

백작

백작

백작은 미나리 아제비과에 속하는 함박꽃의 뿌리이다. 맛이 쓰고 달며 따뜻한 성질로, 비장을 튼튼하게 하고 체내의 습한 기운을 없애 준다. 또 수분대사를 순조롭게 하고 땀나는 것을 막는다. 기침과 가래가 심하고 사지가 붓고 소변 양이 적을 때, 기가 허해 땀을 흘릴 때, 임산부의 구토, 태동이 불안할 때 등에 좋다. 보혈, 진통 효과가 있다.

팔각

팔각

여덟 개의 씨방으로 이루어진 팔각은 상록수인 대회향의 열매로 대회향_{大茴香}이라고도 한다. 향기성분인 아네올(anehol)이 있어 음식의 향기를 증진시키며, 오래 끓이거나 푹 고는 요리, 밑양념했다가 만드는 요리에 사용한다. 약리적 효능으로는 소화불량이나 설사에 좋다.

계피

계수나무의 껍질인 계피桂皮는 향이 있고 맛은 청량하면서 달아 음식의 맛과 향을 좋게 한다. 조리는 요리나 고는 요리에 많이 사용되며, 혈액순환과 위액분비를 촉진한다.

통계피

정향

정향나무의 꽃봉오리인 정향丁香은 맛이 맵고 뜨거운 성질로 위를 따뜻하게 하여 체기를 없애 주어 소화불량, 구토, 설사에 좋고 향균작용을 하여 피부의 백선 치료에 사용하며 음식에 사용하면 구취를 없애 주는 효능이 있다.

동충하초冬蟲夏草

겨울은 벌레, 여름은 풀의 형태를 띠며 항암작용이 있다. 몸이 허하고 춥고 열나는 증세와 와사증歪舌症에 효과가 좋다. 대표요리는 동충하초 오리탕, 동충하초 샥스핀찜 등이 있다. 최근에는 인공재배에 성공하여 수요량이 점차 늘어나고 있다.

산초

산초山椒의 열매를 껍질째 건조시킨 것으로 향기가 짙게 난다. 알갱이상태와 가루상태로 빻은 것이 있는데 고기냄새를 없애 주며 절임요리나 간식 등의 향기를 내는 데 사용된다. 임상학적 효능으로 눈의 신경세포들을 활성화시켜 시력을 보호해 주고, 기관지 기능을 향상시켜 기침이나 천식에 좋다.

4_중국의 음료문화

중국의 다도문화

중국차의 음용은 신농씨 때부터 시작되어 5천 년의 역사를 갖고 있으며, 차의 원산지는 운남성雲南成과 귀주성貴州成이며 이후 복건성福建省과 광동성廣東省의 항구를 통하여 세계에 전파되었다.

　중국의 다도문화는 중국역사 속에서 시대에 흐름에 따라 부침浮沈을 했다. 이를 살펴보면 차는 진한秦漢 이후 위진남북조 시대를 거치면서 서서히 중국음식문화 속에서 자리를 잡았고, 당나라 때 육우陸羽가 차에 관한 전문서인『다경茶經』을 저술하면서 차문화의 뼈대를 갖추게 되었다. 육우는 3편으로 이루어진『다경』에서 차의 종류와 산지, 재배법, 차 끓이는 법, 차 마시는 법, 다구 등 차에 관한 모든 것을 체계적으로 정리하여 중국 차문화의 바탕을 마련했다고 볼 수 있다.

　이후 송宋대에 들어서면서 절과 도교, 사원, 문인 등 층을 넘어 신분에 관계없이 모두 차를 마시면서 궁정 차문화가 일반 서민에게까지 나타났고, 국가 행사에도 다례는 중요한 의식으로 행해졌다. 이처럼 중국 차문화는 한나라 때 싹 터, 당나라 때 뼈대를 갖추고, 송나라 때 가장 발전했다고 볼 수 있다.

　그러나 원元대에 들어 기마민족인 몽고족은 복잡함을 싫어하여 다례가 점차 간소화되고, 송 멸망 이후 원나라를 거쳐 명이 건국되면서 정치에서 소외된 인사들이 지방에 은거하여 차를 연구하는 문인 계층을 이루면서 차문화의 근간을 마련했다. 청淸 말기, 중화민국民國 초기에는 민간문화와 결합되어 독특한 다관문화를 형성하게 되었다. 신농시대에는 차가 약으로 사용되었으나 이후 차츰 문인들이 차를 즐겨 마시고 종교적 행사에도 사용되었으며, 이후 차츰 중국 전역으로 퍼져 나가게 되자 신분고하를 막론하고 때로는 사교의 수단으로 때로는 정신수양의 도구로써 중국인의 일상생활과 밀착되면서 오늘에 이르고 있다. 또한 중국의 차는 중국 내뿐 아니라 1500년 전에 이미 아시아 각 지역으로 두루 퍼져 나갔고, 300년 전에는 유럽에까지 전해졌다.

한편 우리가 차라고 부르는 것은 "Camelia Sinensis", 즉 차나무의 어린 잎을 제조한 것을 말하며, 칡차, 율무차, 생강차, 인삼차 등은 엄밀히 말해서 차라고 할 수 없으며 차대용품이라 한다.

중국차의 종류

중국은 땅이 넓은 만큼 지역마다 풍토도 다르고, 민족도 다르며, 자연환경도 다르다. 이런 연유로 차 종류도 매우 다양하다. 차맛은 차의 품질도 중요한 요인이 되지만 물과 차를 우리는 시간 등 여러 가지 요인에 따라 달라진다.

중국차는 제다製茶방법과 품질에 따라 보편적으로 녹차綠茶, 황차黃茶, 백차白茶, 오룡차烏龍茶, 홍차紅茶, 화차花茶, 흑차黑茶 등으로 구분하는 것이 일반적이다. 녹차는 발효 과정을 거치지 않으므로 불발효차不醱酵茶라고 하고, 오룡차는 반발효차半醱酵茶, 홍차는 전발효차全醱酵茶라고 한다. 차발효茶醱酵라는 것은 일반적으로 말하는 미생물에 의한 발효가 아니라, 찻잎에 함유된 주성분인 폴리페놀(polyphenols)이 폴리페놀옥시데이스(polyphenoloxidase)라는 산화효소에 의해 산화되어 황색을 나타내는 데아플라빈과 적색의 데아루비긴 등으로 변함과 동시에 여러 가지 성분의 복합적인 변화로 독특한 향기와 맛, 수색을 나타내는 작용을 말한다. 또 다른 분류방법인 형태별 분류로 긴압차, 엽차, 가루차가 있다. 엽차는 찻잎을 그대로 사용하는 경우이고, 가루차는 차나무의 애순을 말려 가루로 만든 차이며, 긴압차는 다양한 방법으로 제다한 각종 모차毛茶나 산

표 4-1 발효 정도에 따른 차의 분류

종류	발효도(%)	이름
녹차(綠茶)	0(불발효 – 不醱酵茶)	용정차(龍井茶), 벽라춘(碧螺春), 우화차(雨花茶)
황차(黃茶)	10~20(미발효차 – 微醱酵茶)	군산은침(君山銀針)
백차(白茶)	20~30(경도발효차 – 輕度醱酵茶)	백호은침(白毫銀針), 백모단(白牡丹), 공미(貢眉) 수미(壽眉)
오룡차(烏龍茶)	30~60(반발효차 – 半醱酵茶)	철관음(鐵觀音), 문산포종차(文山包種茶), 백호오룡(白毫烏龍)
홍차(紅茶)	80~90(전발효차 – 全醱酵茶)	기문홍차(祁門紅茶), 금호홍차(金毫紅茶)
흑차(黑茶)	100(후발효차 – 後醱酵茶)	육보차(六堡茶), 보이차(普洱茶), 노청차(老靑茶), 흑모차(黑毛茶)

차散茶를 수증기로 찐 후 적당한 압력을 가해 여러 가지의 형태와 크기로 만든 고형차固形茶이며, 형태로는 둥근형, 사각형, 벽돌형 등이 있다.

녹차_항주용정차龍井茶

용정차는 중국차 중에서 가장 으뜸으로 치는 차로, 청나라 건륭제 때에는 황실에서만 먹을 수 있었던 고급품이며, 특산지는 항주에 있는 룽징이라는 차밭이다. 서호 용정차는 항주 호포천의 물로 재배를 해야 하는데 그 이유는 물이 차고 깨끗하고 깊어 차 재배에 최적이기 때문이다. 그래서 이 샘의 이름과 합쳐 용차호수라 부르며 간략하게 용정차라 부른다.

용정차는 크게 사, 용, 운, 호 4가지 품종으로 나뉘었으며, 이 중 사자봉에서 재배된 용정의 품종을 최상품으로 여긴다. 상품의 용정차는 차 탕에 한 돈 정도의 차를 넣어도 가라앉지 않고 떠 있어 명차감천이라는 애칭으로 불리기도 하며, 외형은 곧고 편평하며 날카로우며, 표면은 매끄럽고 가지런하고 고르며, 옅은 녹색을 띠고 있다.

용정차는 청록차에 속하며 4절(색록, 향욱, 미순, 형미)로 유명하다. 이는 맛이 달고도 차지 않으며 담백하기로는 마시지 않는 것과 같고 마신 후에 한 줄기 평화스러운 기운이 솟아나며 이와 볼 사이에는 그 무미한 맛이 가득한데, 그 맛을 용정차의 절묘함이라 이른다.

황차_군산은침君山銀針

옛날 동정호 군산君山에 장순張順이라 불리는 젊은이가 살았는데, 이 젊은이는 마음이 너무 착해서 다른 사람 돕기를 좋아했다. 그의 착한 마음에 감복한 용왕이 이 젊은이에게 밝은 빛이 나는 구슬을 주며 잘 살라고 하였다. 그래서 장순은 마을 사람 전체가 잘 살기를 바라는 마음에 구슬을 군산의 청라봉靑螺峰에 묻었는데 어느 날 구슬을 묻은 자리에서 은침모양의 차나무가 자랐다. 그래서 그 차나무를 '군산은침'이라고 부르게 되었다고 한다.

군산君山은 중국 호남성湖南省 악양현의 동정호洞庭湖 가운데 있는 섬이다. 군산은침은 동정호 근처에서 생산되는 차로, 이 차는 중국의 당대에서 비롯되었고 청대에는 황실에 바쳐지던 귀한 차다. 군산은침의 특징은 향기가 맑고 맛은 부드럽고 달고 상쾌하며, 우려 낸 차의 빛깔은 밝은 등황색이다. 차나무의 싹은 백호가 많고 잎의 모양은 곧고 가지런하며 담황색을 띠고 있다. 이 차에 더운 물을 부으면 찻잎이 곧게 뜨다가 천천히 가라앉으며 한 근의 군산은침은 약 25,000개의 찻잎으로 이루어져 있다.

군산은침을 만드는 과정은 황차를 만드는 과정과 같은 8가지 순서로 되어 있다. 그 과정은 푸른빛 죽이기, 식히기, 처음 말리기, 식히기, 처음 싸서 발효시키기, 다시 말리기, 다시 싸서 발효시키기, 말리기의 순서로 만든다. 황차를 만들 때는 두 차례에 걸쳐 피지로 차 덩이를 싸서 길게는 60시간에 걸쳐 발효를 시킨다. 발효를 걸친 황차는 맛이 달고 부드러우며 상쾌하고, 밝은 등황색의 차 색깔을 가지고 있다.

백차_백호은침白毫銀針

백호은침白毫銀針은 백차계통의 차로, 복건성福建省 북부의 건양建陽, 수길水吉, 송정松政과 동부의 복정福鼎 등지에서 생산되며, 백호은침白毫銀針의 뜻을 살펴보면 백호白毫는 하얀 솜털을, 은침銀針은 바늘 같은 새순을 의미한다.

이 차의 특징은 찻잔에 백호은침을 넣고 뜨거운 물을 부으면 잠시 후 바늘 같은 찻잎이 아래에서 위를 향하여 부유하는데 이를 보는 것도 백호은침차를 마시는 한 가지 묘미이며, 색깔은 은백색의 잔털이 덮여 있어 밝은 빛이 나며 맛은 달고 진하며 향긋하다.

백호은침白毫銀針은 봄철 차나무의 첫물(그해 처음으로 수확한 찻잎)로 만들어지므로 수량이 적고, 아주 귀하다. 하지만 지금은 잔털이 비교적 많은 차나무 품종의 잎을 이용하여 특수과정을 거쳐 만들어지고 있다.

오룡차烏龍茶

오룡차에는 이름에 관한 재미있는 전설이 있다. 명 말기 청 초기에 푸젠성 안계현에 용이라는 사람이 깊은 산골에서 사냥과 차 농사를 하며 살았는데 얼굴이 검어서 오룡烏龍이라 불렸다고 한다. 하루는 사냥 나갔다가 늦게 돌아와 사냥감을 가족과 함께 맛있게 먹고 모두 피곤한 탓에 그만 잠이 들고 말았다. 다음날 일어나 보니 따다 둔 찻잎이 변색되어 발효가 되어 가고 있었다. 이에 서둘러 차를 만들어 맛을 보니 이전에 생잎으로 만든 것보다 훨씬 향이 좋았다. 그 이후로 반쯤 발효한 후 식혀 차를 만들어 내다 팔았는데, 시장 사람들이 얼굴이 검은 용이 파는 차라고 해서 오룡차라 하였다. 오룡차는 홍차와 녹차의 두 가지 성질을 모두 갖춘 특별한 풍미를 지닌 차로서, 차의 발효 정도가 가벼울수록 향기가 강한 것이 특징이고, 많이 발효할수록 쓰고 떫은 맛이 적어진다. 모든 오룡차에는 자연적인 화향花香과 과향果香이 배어 있으며, 우려낸 차의 맛은 진하고 부드러운 맛이 나며, 그 향기가 오랫동안 지속되어 독특한 회향의 여운이 오랫동안 입

속에 남는다. 또한 발효의 정도에 따라 연한 녹색에서 연한 홍색까지 여러 가지 색이 있다. 오룡차는 녹차처럼 어린 찻잎을 따지 않고 다 자란 찻잎을 채취한다. 왜냐하면 자라서 펼쳐진 찻잎만이 오룡차烏龍茶의 독특한 향기와 맛을 제대로 낼 수 있기 때문이다. 오룡차는 복건성福建省, 광동성廣東省, 대만성臺灣省 등지에서 생산되며, 중화인민공화국 건국 이후 대체로 지역에 따라 민남오룡閩南烏龍, 민북오룡閩北烏龍, 광동오룡廣東烏龍, 대만오룡臺灣烏龍 등 네 종류로 나눈다.

• 민남오룡차 : 영춘현 선계향의 정세보라는 사람이 무이산에서 100그루의 묘목을 옮겨와 선계 정선암 사원 부근에 심었다고 전해지며 이후 민북, 광동성, 대만 등 여러 곳으로 전파되었다. 민남에서 나는 오룡차로 가장 유명한 것은 안계安溪의 철관음鐵觀音과 황금계黃金桂이다. 특히 철관음은 차색이 어둡고 윤이 나며, 찻잎은 철과 같이 무겁고, 외형은 우아한 관음과 같아 철관음이라 불리게 되었으며, 맛은 달고 진하며, 신선하고, 난초향이 은은하게 올라온다. 안계오룡차의 양대 명차인 철관음鐵觀音과 황금계黃金桂는 동남아뿐만 아니라 일본에서도 그 명성이 높아 많은 차인들에게 사랑을 받고 있다.

• 민북오룡차 : 복건성 북부 무이산武夷山 일대에서 생산되는 오룡차는 모두 민북오룡에 속한다. 대표적으로 무이사대명총武夷四大名叢에는 대홍포, 철라한, 백계관, 수금귀 등이 있다. 이 중 대홍포는 찻잎의 싹과 잎이 보라색과 홍색을 띠는데 이른 봄 첫물이 나올 무렵 그 풍경을 바라보면 마치 아름다운 붉은색 카펫이 차밭 전체를 두르고 있는 듯하다고 하여 얻어진 이름이다. 민북오룡차는 맛이 달콤하고, 향기가 그윽하고, 차색은 황색이나 금빛황색을 띠고 있다. 마실 때에는 찻잎을 더 많이 넣고 작은 잔으로 진하게 해서 마시는데 특유의 향과 맛을 즐기기 위해서이다. 이러한 방법으로 차를 음미하면 하루 종일 차의 맛과 향이 남아 상쾌하고 기분이 좋아진다고 한다.

• 광동오룡차 : 광동성 조주지역에서 생산되며, 주요 오룡차로는 봉황단총鳳凰單叢, 봉황수선鳳凰水仙, 색종色種 등이 있다, 특히 봉황단총은 봉화수선의 품종 중에서 우수한 차나무를 선발하여 단주의 형태로 심어 재배하며, 이 차나무에서 수확한 찻잎으로 봉황단총의 차를 만든다.

• 대만오룡차 : 청조초년 복건성에서 전래되었다. 유명한 찻잎으로는 대만오룡과 대만포종이 있는데 대만포종은 발효 정도가 비교적 적기 때문에 녹차처럼 잎이 푸르고 탕색은 노랗고 차맛도 녹차와 유사하나 향이 무척 강하다. 이로 인하여 대만포종은 청향淸香한 맛이 강하기에 청차淸茶라고도 부른다. 이에 반해 대만오룡은 중반발효차로서 홍차의 성향을 많이 나타

내며, 찻잎이 붉고 아름다우며 향이 빼어나서 일명 동방미인東方美人이라고도 한다.

홍차紅茶

홍차로 유명한 기문은 안회성安徽省에 속한 현으로, 기문현 주변 지역 모두 차를 생산하지만 특히 기문홍차가 가장 유명하다. 그 유래를 살펴보면 청淸나라 말기 안휘성에 여余씨 집안이 있었는데, 이 중 여천승余千乘이 차 제조술에 뜻을 두고 홍차 제조술을 복건福建에 가서 익혔다. 이후 고향으로 돌아와 홍차를 제조하였고 이 지역에서 생산된 홍차를 기문홍차라 하였다.

기문홍차는 홍차 중에서 유일하게 중국 10대 명차로 뽑혔고 세계로부터도 인정을 받고 있는 세계적인 명차이다. 기문홍차의 다원은 대부분이 해발 100~350m의 산비탈과 언덕 구릉 등지에 분포해 있다. 이 지역의 기온은 온화하고 연평균 온도는 15.6℃이고 서리가 내리지 않는 날이 연평균 232일 이상이며 공기가 습윤하고 상대습도는 80.7%이다. 또한 산성의 적당한 토질에 산화된 알루미늄과 철이 풍부하며, 특히 봄, 여름에는 이슬비가 내려 습윤하고 해조와 일조량 또한 적당하여 찻잎을 부드럽게 하고 여린 잎을 오랫동안 보존해 준다.

기문홍차의 특색은 외형이 가늘고 긴밀하며 길고, 금황색의 백호가 뚜렷이 보이며, 찻잎의 끝 봉우리가 아름답다. 색깔은 검고 빛나며 탕색은 맑고 밝으며 선홍빛을 띠고, 마신 후의 차 찌꺼기는 밝고 맑으며 묽은 색을 띠고, 벌꿀이나 사과와 비슷한 향이 나며, 향이 오래 지속되고 잘 흩어지지 않아 국제시장에서는 이 향을 일컬어 '기문향'이라고 한다.

흑차黑茶

- 보이차 : 후발효차로 흑차에 속하며 발효도가 100%이다. 차의 특징으로 탕색이 짙고 맛이 달고 순수하다. 또한 보이차 향기는 정신을 맑게 하고 술을 깨게 하는 데 으뜸이며, 소화를 돕고 가래를 녹인다. 특히 이무지역에서 생산되는 보이차는 최상품의 차로, 그 맛이 달고 매끄러우며 떫지 않고 쓴맛 후에도 단맛이 감돌아 맛의 운치가 있다.

보이차는 긴압차로 교목의 대엽을 잘라 만드는 것으로 각각의 형틀을 나무로 만들어서 손으로 압력을 가해 눌러 차를 만들다 보니 각기 모양이 틀리며 무겁고 크고 두터웠다. 이렇게 만들어진 차는 대나무잎으로 싸서 저장하여 보관하였다. 하지만 오늘날에는 철로 된 형틀로 만들기 때문에 비교적 모양이 고르고 알맞다. 보이차는 오래되면 오래될수록 그 가치가 높다. 하지만 발효과정 중 잘못된 것은 차맛이 떫고, 쓰며, 싱겁다.

- 육보차六堡茶 : 광서성 장족 자치구에서 만든 흑차로 윤기가 나고 흑색을 띤다. 잎을 모아 덩어리로 만든 긴압차로 황화黃花로 포장하여 발효시킨다. 육보차는 탕색은 붉고 짙으며 밝고 깨끗하고 광택이 있으며, 향기는 순후하고 온화하며, 나무의 향기가 난다. 대엽종의 흑차류黑茶類로 보이차와 더불어 유명하다. 후발효차인 육보차는 공기 중의 미생물에 의해 발효가 일어나도록 한 뒤 숙성시켜 만든 것으로 제조법이 특이하며, 숙성과정이 길수록 고급차가 되는데 일반적으로 1년 이상 숙성시킨다. 20년 이상이 되면 최고의 제품으로 귀하게 여겨진다.

중국의 곡주문화

중국의 곡주문화는 5천 년의 역사를 갖고 있으며, 전설에 의하면 하夏나라(BC 21~16세기)때 우왕의 딸이 술을 만들어 처음으로 부왕께 헌상하였다고 한다.

중국의 문화에는 술과 관련된 일화와 인물이 많이 전해지는데 그 중 대표적인 인물로는 이백李白, 맹호연孟浩然, 두보杜甫 등이 있으며 이들은 시선詩仙이자 주선酒仙이다.

다음은 술과 관련된 이백의 시다.

花間一壺酒 獨酌無相親	꽃 사이의 한 병 술을 혼자 마시는데 친구라곤 없네.
擧杯邀明月 對影成三人	잔 들어 밝은 달 맞이하니 그림자 이루어 세 사람이 되었네.
月旣不解飮 影徒隨我身	달은 본디 술 마실 줄을 모르고 그림자는 다만 내 몸을 따라다닐 뿐이네.
暫伴月將影 行樂須及春	잠시나마 달과 그림자를 데리고 봄철에 마음껏 놀아 보세.
我歌月徘徊 我舞影零亂	내가 노래하니 달이 어정거리고 내가 춤추니 그림자는 멋대로이네.
醒時同交歡 醉後各分散	취하지 않을 때는 함께 서로 즐기다가 취한 뒤에는 각기 서로 흩어지네.
永結無情遊 相期邈雲漢	영원히 무정의 교유를 맺어 아득한 은하수를 두고 서로 기약하네.

중국에서는 쌀, 보리, 수수 등의 곡물을 원료로 해서 그 지방의 기후와 풍토, 주조기술에 따라 만드는 법도 각기 다르다. 또한 이러한 연유로 같은 원료로 만드는 술도 그 나름대로의 독특한 맛과 향, 멋을 지니고 있다. 이를 전통방법에 따라 백주白酒, 황주黃酒, 노주露酒, 약주藥酒로 분류하며, 주조방법에 따라 증류蒸溜, 발효醱酵, 배제配劑로 나눌 수 있다. 지역별로 장강 이북 지역은 추운 지방이라 증류주가 발달하였으며, 장강 이남 지역은 황주를 주로 사용했으며, 산악 등 내륙

지역은 초근목피를 이용한 한방 차원의 배제주를 즐겨 마시고 있다. 이처럼 중국술의 종류를 살펴보면 역사가 오래된 만큼 다양한 종류의 술이 있으며 그 품종은 약 4500여 종에 이른다.

중국 전역에서 생산되는 술을 대상으로 전국 평주회評酒會를 개최하여 우수한 술을 선발하였고 이를 명주라 칭하였다. 특히 중국 정부는 1952년 베이징에서 제1회 전국 평주회를 개최하였고 여기서 선정한 8대 명주에 중국 명주라는 표시로 붉은색 띠나 붉은색 리본을 달아 표시하고 있다.

8대 명주 중 대표적인 술로는 귀주산 모태주, 산서산 분주, 사천산 노주노교특곡, 섬서산 서봉주, 연태산 장미향적포도주, 연태산 미미사주, 연태산 금장브랜디, 소흥 가반주 등 백주白酒(증류주), 황주黃酒(발효주), 배제주配制酒가 선정되었다.

중국 술의 형태별 종류와 특징

백주白酒

백주白酒는 곡류를 발효시킨 뒤 여러 차례 증류하여 맛이 깔끔하며 알코올 농도가 높다. 백주 계열의 명주는 향과 맛에 따라 평가하고 정한다. 대표적인 술로는 모태주矛台酒, 동주董酒, 분주汾酒, 오량액五跟液, 고정공주古井貢酒, 쌍구대곡双溝大曲 등이 있다.

이 중 대표적인 술로 모태주矛台酒가 있으며 1915년 파나마 만국 박람회에서 3대 명주로 평가받은 후 세계 도처의 애주가들의 사랑을 받고 있는 술이다. 중국인들은 나라의 술이라고 말하고 있으며 중국인의 혼을 승화시켜 빚어 낸 술이라 자랑스러워 한다. 원료인 고량을 누룩으로 발효시켜 10개월 동안 9회나 증류시킨 후 독에 넣어 밀봉하고 최저 3년을 숙성시킨 독특한 술이며 모택동의 중국혁명을 승리로 이끈 정부공식만찬에 반드시 나오는 술로, 중국과 미국의 수교 때 닉슨 전 미국 대통령이 중국에 방문하여 모택동 전 중국 수석과 마셔 더욱 유명해진 술이다.

황주黃酒

황주黃酒는 쌀을 원료로 누룩으로 발효시켜 빚은 술로 우리의 청주나 탁주와 같은 발효주이며 알코올 도수는 12~20도쯤 된다. 중국 최초의 술은 황주 개념의 술로 역사가 오래된 만큼 가짓수도 많다. 하지만 원, 명, 청을 거치면서 증류주인 백주의 발전과 고량의 유입으로 생산량은 줄어들고, 생산지도 점차 축소되고 있다. 대표적인 술로는 소흥주紹興酒, 용암침항주龍沉缸酒, 노주老酒 등이 있는데 특히 용암침항주龍沉缸酒는 맛이 진하고 달고, 빛깔은 호박색의 붉은빛을 띠며, 향기는 향긋하다. 노주는 1712년(숙종 38) 노가제老稼齋와 김창업金昌業에 의해 쓰인 『연행일기(1712)』에 기록되어 있으며, 이를 통해 중국 명·청대의 노주가 우리나라에 소개되었다.

소흥주

- 소흥주 : 중국 저장성 닝소 평원에 있는 사오싱 지방에서 생산되는 발효주로 중국 황주 계열의 술 중 가장 오랜 역사를 자랑한다. 특히 남송이 건국되면서 항주를 중심으로 소흥주가 크게 발전했다. 찹쌀을 보리누룩으로 발효시켜 주조하며, 발효주의 특성상 알코올 도수는 15~20%로 색깔은 짙은 갈색이며, 오래 숙성될수록 향이 좋아진다. 마시는 방법은 두 가지가 있는데 평소에는 따뜻하게 데워서 마시다가, 더운 여름에는 차게 하여 마시기도 한다. 소흥주는 여아홍女兒紅이라는 별칭이 있는데 이는 중국 풍습에 여자를 낳으면 술을 담아서 대들보 밑에 묻어 놓았다고 하여 붙여졌다. 여자가 성장하여 결혼 혼례를 치르게 되면 술을 파내어 잔치를 했다고 한다.

배제주配制酒

배제주配制酒는 증류주나 발효주에 일정 비율의 한약재나 식품재료, 과일, 채소를 배합하여 만든 것으로 노주와 약주가 있다. 노주는 우리나라의 담근 술 개념으로 귤, 앵두, 매실, 장미, 갈근 등을 이용하여 만들며 술맛이 달고 향기가 감미로운 특징을 갖고 있다. 약주는 밑술에 한약재료를 넣어 증류하여 만든 술로 병을 치료하거나, 예방 목적으로 음복하기도 하고, 또는 보양주保養酒나 보혈주補血酒로 사용한다. 대표적인 술로 오가피주, 죽엽청주, 녹용주 등이 유명하며 그 중 죽엽청주는 1400년 전부터 유명한 양조산지로 알려진 행화촌의 약미주로 분주를 주원료로 정향, 사인, 단향, 치자, 대나무 잎 등 10여 가지 천연약재를 사용한 술이다. 연황빛을 띠고 향기로우며 풍미가 뛰어난 술로 한 입 머금으면 탁 쏘는 맛이 청량감을 주고, 두 번째는 단맛이 입에 퍼진다. 술의 효능으로 혈액을 맑게 순환시켜, 간 비장의 기능을 상승시키는 작용을 하여 정력유지에 좋은 술로 평가되고 있다.

오가피주는 백주에 오갈피 껍질, 당귀, 홍화, 인삼, 사인, 두구, 정향 등 25여 가지 한약재를 넣어 주조한 술로 양기를 복돋아 주며, 생명을 연장해 주는 효능이 있다.

중국 술의 제조방법에 따른 종류와 특징

증류주蒸溜酒

- 마오타이주 : 세계 3대 증류주의 하나로, 귀주성 모태茅台(마오타이) 현에서 생산되는 명주名酒이다. 수수(고량)를 주원료로 하고 있으며, 알코올도수가 53%로 높으며 모향茅香, 장향醬香이라고 하는 독특한 향기가 난다. 이 술은 역사가 아주 오래되었는데, 문헌사료에 의하면 처음 이 술을 제조하게 된 것은 이미 2천년 전의 일이라고 한다. 특히 1916년 파나마박람회에서 금상을 받으며 세계시장에 알려지게 되었다. 모태주는 다른 술과는 다른 정성스럽고 독특하면서도 복잡한 제조방법으로 만들어지는데, 그 과정을 살펴보면 기본이 되는 밑술을 7번의 증류를 거쳐 밀봉 항아리에서 3년 이상 숙성과정을 거쳐 완성한다.

마오타이주

- 고량주高粱酒 : 수수를 원료로 하여 제조한 것을 고량주라 하며 고량주는 중국의 전통적인 양조법으로 빚어지기 때문에 모방이 어려울 정도의 독창성을 갖고 있다. 누룩의 재료는 대맥, 작은 콩이 일반적으로 사용되나 소맥, 메밀, 검은 콩 등이 사용되는 경우도 있으며 숙성과정의 용기는 반드시 흙으로 만든 독을 사용한다. 이와 같은 전통적인 주조법은 이 술의 참맛을 더해 준다. 고량주 특유의 강한 향과 멋이 있으며 독특한 맛으로 유명하다. 주정은 40~60% 정도이며 천진 고량주가 유명하다.

연태고량주

- 우리앙예五粮液 : 중국의 귀주성貴州省은 남서부 쓰촨성四川省과 윈난성雲南省을 경계로 자리잡고 있다. 이 지역은 양자강의 상류 지역으로, 산수가 빼어나고 기후가 온난하며 물자가 풍부하다. 이러한 자연적인 여건으로 중국의 명주가 많이 생산되는데, 그 가운데 우리앙예五粮液가 유명하다. 이 술은 중국의 증류주 가운데 가장 판매량이 높다.

  우리앙예의 곡식혼합비율과 첨가되는 소량의 약재는 수백 년 동안 비방으로 전해 내려오고 있는데, 이것이 독특한 향과 맛의 비결이다. 현재는 마오타이와 함께 중국을 대표하는 명주로 미국 카터 대통령이 중국을 방문했을 때 등소평이 중국 최고 명주의 하나로 만찬석상에 소개되어 호평을 받아

우리앙예

세계 명주로 인정받은 술로 유명하다.

수정방

- 수정방 : 중국의 3대 백주(마오타이, 우리앙예, 수정방)의 하나인 수정방은 우연한 기회로 세상의 빛을 보게 된다. 그 과정을 살펴보면 1998년 8월 쓰촨성에 있는 성도전흥주창成都全興酒廠이 양조장 시설을 개축하다가 우연히 지하 유적을 발견하였다. 이에 1999년 3월 고고학자들의 주도하에 정식으로 발굴 조사가 이루어졌고, 조사결과 이 유적은 원, 명, 청 3대에 걸친 양조장의 잔해들로 밝혀졌다. 수정가水井街에서 발견된 고대 양조시설은 곧 국가문물국에 의해 '1999년 전국 10대 고고학 신발견'으로 평가되었고 '수정방'은 '전국 중요문물보호단위'로 지정되었다. 이후 이곳은 '살아 있는 유적', '중국 백주 최고의 양조장', '중국 농향형 백주의 글자 없는 역사책' 등의 칭호를 붙여 가며 애주가들을 흥분시켰다. 이 술은 전통 증류주 제조법으로 수정처럼 맑고 은은하면서 고운 향이 장시간 지속되는 특징을 갖는다.

- 주귀주酒鬼酒 : 1970년대 중국 후난성 동쪽 마왕추에서 2천 년 전의 서한나라 옛 무덤을 발굴하여 천여 점의 진귀한 보물과 술이 출토되었는데 귀주는 바로 마왕추에서 나온 술이며 그 맛이 기가 막히게 좋았다. 이후 이와 똑같은 술맛을 내기 위해 최고의 양조기술과 최고의 원료를 사용하여 술을 개발하게 되었는데 그 결과 주귀주가 세상의 빛을 보았다. 무덤에서 발굴된 술이라 하여 또는 귀신이 마시던 술이라 하여 이 술의 이름이 주귀주가 되었다. 이 술은 색, 향, 맛 모든 면에서 고대의 짙은 풍미를 갖추고 있고 자연의 섭리와 인간의 온갖 정성이 결합되어 만들어진 술이며 그 향기가 독특하고 술맛이 뛰어나기로 유명하다.

- 모선주茅仙酒 : 백 년의 전통을 자랑하는 마오타이 그룹에서 예전부터 구전으로만 전해지는 귀주 선인들의 신선주神仙酒를 옛맛 그대로 재현한 제품으로 모태주의 모茅의 첫 글자와 신선주의 선仙자를 따서 모선주라 부르게 되었다.
  모선주는 최고 품질의 엄선된 농향과 원재료를 사용하여 전통적인 생산 방식에 따라 장기간 숙성과정을 거쳐 제조되었으며 부드러운 농향의 달콤한 향기가 있고 마신 뒤의 갈증을 없애 주고 입 안에 그윽한 여향이 오랫동안 남아 산뜻한 느낌을 갖게 한다. 도수는 52도인 최상품의 곡주이다.

• 백년고독百年孤獨 : 중국 주류업계에서 이름난 술평론가인 진황장 선생은 백년고독을 시음한 후 "순하고 술 자체가 풍만하고 뒷맛이 깨끗하여 상큼하다. 그러므로 언어로는 형용할 수 없이 좋은 술이다."라고 하였다.

　이러한 극찬을 받은 백년고독은 중국 란싱에서 생산되며 소맥과 고량을 주재료로 해서 참쌀 등으로 만든 누룩을 발효시킨 후에 증류해서 나무통에 장기간 숙성시킨 후 출하하기 때문에 백주 중에서 유명세를 떨치고 있다. 깊으면서도 잘 조화된 맛과 안정적이며 온화한 향으로 인정받고 있으며 엄격한 제조과정과 오랜 숙성으로 백년고독이라는 이름을 갖게 되었다고 한다.

• 공부가주 : 명대부터 공자 가문에서 만들었다는 술로, 공자께서 공부하다가 풍류를 즐기기 위해 직접 연구하여 만든 것이라는 전설이 있다. 명대에 처음 나타난 이후 공자를 기리는 제사주로 쓰이다가 이후 곧 공자 가문에 드나드는 손님들을 접대하기 위한 연회주가 되었다고 한다. 독특한 포장(작은 항아리 모양)을 하고 있는데, 이 포장과 외국에서의 명성 덕분에 중국에서도 상을 받았다. 처음 접하면 상당히 독하다는 느끼게 되면서 상당한 감칠맛과 독특한 맛이 있다. 뒷맛은 다른 백주 계열에 비해서 순하고 깔끔하다.

공부가주

• 오팔고량주 : 국내에서 유명한 이 술은 대만에서 생산되며 주도는 51도이다. 대만에서 자연 상태가 잘 보전되고 녹지가 풍부한 지역에서 자란 수수(고량)를 엄선하여 독특한 양조법으로 만들어지는데 산뜻하고 깨끗한 맛이 특징이다. 특히 입술에서 복에 넘어가기까지 7번의 맛 변화를 가지고 있으며 그 맛을 꼭 음미하면서 마셔야 진정한 오팔고량주의 맛을 느낄 수 있다.

오팔고량주

• 홍성이과도주 : 이과도주는 곡류를 원료로 해서 당화발효를 거쳐 두 번 증류하는 방법으로 만들어져 주도는 56도로 높게 나타난다. 11년간을 숙성시켜 출하하는 제품으로 향미가 온화하다. 증류주蒸流酒이고 무색이기 때문에 지방성이 높은 중국요리에 잘 어울린다. 두 번 고아 걸렀다고 하여 이과두주라 부른다. 중국인들이 즐겨먹고 대중적인 사랑을 받고 있다.

홍성이과도주

- 고정공주古井貢酒 : 안휘성에서 생산되는 농향형 백주로 주도는 45도로 모란꽃이라는 별명을 갖고 있다. 전설에 의하면 조조가 한무제에게 조공을 올려 황제에게 칭찬을 받고 '고정공주'이라는 이름을 하사받았다고 한다. 이 술은 수정처럼 맑은 빛과 은은한 난초향이 나며, 입에 넣으면 달콤하고 여운이 길다는 특징을 갖는다.

- 양하대곡洋河大曲 : 강소성 양하마을에서 생산되는 증류주로 평주가들은 "이 술은 달콤하고, 부드러우며, 연하고, 맑고, 깔끔한 향기 등 5가지의 특징을 가지고 있는 농향형 백주다."라고 평가한다.

발효주醸酵酒

발효주는 알코올 도수(일반적으로 15~20도)가 낮으며 황색이며 윤기가 있다고 해서 황주라고도 한다. 이처럼 발효주는 증류주와 정반대의 특징을 가지고 있다. 황주는 곡물을 원료로 해서 전용 주룩과 생수, 주약 등을 넣어 배합하고 발효균을 첨가하여 당화, 발효, 숙성의 과정을 거쳐 마지막에 추출하여 만들어진다.

- 소흥가반주紹興加飯酒 : 중국 굴지의 산지인 절강성浙江省, 소흥현紹興縣의 지명에 따라서 명명된 것으로 중국 8대 명주의 하나이다. 주도는 14~16% 정도이며 색깔은 황색 또는 암홍색의 황주로 4000년 정도의 역사를 갖고 있다. 오래 숙성하면 향기가 더욱 좋아 상품사치가 높다. 주원료로 찹쌀에 특수한 누룩을 사용하는 방법이 일반적이며, 누룩 이외에 신맛이 나는 재료나 감초를 사용하는 경우도 있다. 제조방법으로 찹쌀에 누룩과 술약을 넣어 발효시키는 복합발효법이 사용되지만 보통 가문의 독특한 비법으로 주조한다.

혼성주藥味酒

발효주나 증류주를 혼합하여 삭히거나, 증류하여 주조한 술로 오가피주, 죽엽청주, 장미주, 보주, 녹용주, 호골주, 인삼주, 십전대보주 등이 유명하다.

- 죽엽청주竹葉靑酒 : 주도가 45도이며 긴 세월 동안 애주가에게 사랑받고 있는 죽엽청주는 순수한 보리누룩을 발효시켜 증류한 후 밀봉한 독에서 10여 년간 숙성한 뒤 추출하여 대나무잎과 각종 초근목피草根木皮 등 10여 종의 한약약초를 넣어 만든다. 특히 대만산 죽엽청주는 연한 녹색을 띠고 대나무잎 특유의 향을 느낄 수 있으며, 첫 번째 잔은 톡 쏘는 맛이, 두 번

째 잔은 부드러운 단맛이 입안에 퍼지는 최고급 스태미너주로 알려져 있고 오래된 것일수록 향기가 진하다. 죽엽청주는 혈액을 맑게 순환시켜 간, 비장의 기능을 상승시키는 작용을 하여 건강유지에 좋은 술로 평가되고 있다. 여름에는 시원하게 해서 마시거나 얼음을 넣어 마시면 좋고, 겨울에는 실온에서 한결 더 나은 맛을 느낄 수 있어 사계절 내내 즐길 수 있는 술이다.

- 오가피주五加皮酒 : 고량주를 기본 원료로 하여 목향과 오가피 등 10여 종류의 한방약초를 넣어 발효시켜, 침전법으로 맛을 가미한 술이다. 알코올 도수 53% 정도이고 색깔은 자색이나 적색이다. 하북성河北省에서 생산되는 것이 품질이 우수하며 나무색깔에 술 표면은 광택을 띠며 신경통, 류머티즘, 간장강화에 약효가 있는 일명 불로장생주이다.

해파리냉채 涼拌海蜇皮

liang ban hai zhe pi 량빤하이저피

서늘할 량(涼) 버릴 반(拌) 바다 해(海) 해파리 철(蜇) 가죽 피(皮)

시험시간
20분

요구사항

※ 주어진 재료를 사용하여 다음과 같이 해파리냉채를 만드시오.

1. 해파리에 염분을 없도록 하시오.
2. 오이는 0.2 × 6cm 크기로 어슷하게 채를 써시오.

수험자 유의사항

1. 해파리는 끓는 물에 살짝 데친 후 사용하도록 한다.
2. 냉채에 소스가 침투되도록 하고 냉채는 함께 섞어 버무려 담는다.
3. 다음과 같은 경우에는 채점대상에서 제외한다.
   - 시험시간 내에 과제 두 가지를 제출하지 못한 경우: 미완성
   - 시험시간 내에 제출된 과제라도 다음과 같은 경우
     - 미완성: 문제의 요구사항대로 작품의 수량이 만들어지지 않은 경우
     - 오작: 해당 과제의 지급재료 이외의 재료를 사용한 경우, 구이를 찜으로 조리하는 등과 같이 조리방법을 다르게 한 경우
     - 실격: 가스레인지 화구 2개 이상 사용한 경우, 시험 중 시설 · 장비(칼, 가스레인지 등) 사용 시 감독위원 및 타 수험자의 시험 진행에 위협이 될 것으로 감독위원 전원이 합의하여 판단한 경우
4. 항목별 배점은 위생상태 및 안전관리 5점, 조리기술 30점, 작품의 평가 15점이다.

해파리냉채는 깨끗이 손질한 해파리, 채 썬 오이, 그리고 알싸한 마늘소스를 사용하여 달콤, 새콤, 매콤하게 버무린 찬 요리이다. 해파리냉채는 입맛을 살려주는 전채요리에 많이 사용된다.

지급재료

해파리 150g, 오이 ½개(가늘고 곧은 것 20cm), 깐 마늘 3쪽, 식초 45mL, 백설탕 15g, 소금 7g, 참기름 5mL

해파리 마늘소스 마늘 다진 것 1T, 식초 1T, 설탕 1T, 소금 약간, 참기름 약간

만드는 법

1 냄비에 물을 담아 불에 올린다. 해파리는 3번 정도 씻은 후 찬물에 담가 염분을 제거한다.

2 오이는 소금으로 비벼 씻어 0.2×6cm 크기로 어슷하게 채 썬다.

3 냄비의 물이 70~80℃ 정도가 되면 해파리를 넣어 살짝 데친 다음 식초에 해파리를 담가 부드럽게 한 후 찬물에 담가 식힌다.

4 마늘은 곱게 다져서 식초, 설탕, 간장, 소금, 참기름을 넣고 섞어 마늘소스를 만든다.

5 해파리는 물기를 제거하고, 오이채를 섞어 완성그릇에 담는다.

6 마늘소스를 끼얹는다.

요약

지급재료 확인 → 물 끓이기 → 재료 손질(해파리, 오이) → 마늘소스 만들기 → 담기

Tip

해파리는 끓기 직전의 물에 데쳐야 오그라지거나 질겨지지 않는다. 해파리냉채는 해파리 손질방법, 오이 써는 법, 마늘소스 만드는 법, 잘 어우러지게 담아내는 데 포인트를 두어야 한다.

해파리 데치기

오이 채 썰기

마늘소스 넣어 버무리기

마늘 소스 넣어 완성하기

양장피잡채 炒肉兩張皮

chao rou liang zhang pi **챠오루우량장피**

볶을 초(炒) 고기 육(肉) 둘 량(兩) 베풀 장(張) 가죽 피(皮)

시험시간
35분

요구사항

※ 주어진 재료를 사용하여 다음과 같
이 양장피잡채를 만드시오.

1 양장피는 사방 4㎝ 정도로 하시오.

2 고기와 채소는 5㎝ 정도 길이의 채
를 써시오.

3 겨자는 숙성시켜 사용하시오.

수험자 유의사항

1 접시에 담아 낼 때 모양에 유의하여야 한다.

2 볶는 재료와 볶지 않는 재료의 분별에 유의하여야 한다.

3 다음과 같은 경우에는 채점대상에서 제외한다.

  – 시험시간 내에 과제 두 가지를 제출하지 못한 경우: 미완성

  – 시험시간 내에 제출된 과제라도 다음과 같은 경우

   • 미완성: 문제의 요구사항대로 작품의 수량이 만들어지지 않은 경우

   • 오작: 해당 과제의 지급재료 이외의 재료를 사용한 경우, 구이를 찜으로
   조리하는 등과 같이 조리방법을 다르게 한 경우

   • 실격: 가스레인지 화구 2개 이상 사용한 경우, 시험 중 시설·장비(칼,
   가스레인지 등) 사용 시 감독위원 및 타 수험자의 시험 진행에 위협이
   될 것으로 감독위원 전원이 합의하여 판단한 경우

4 항목별 배점은 위생상태 및 안전관리 5점, 조리기술 30점, 작품의 평가 15점
이다.

양장피잡채는 접시 가장자리에 채소나 해산물을 사용하여 돌려 담고 가운데는 볶음요리와
손질한 양장피를 담아 겨자소스로 맛을 내는 요리로 화려하고 아름다우며 식감이 뛰어난 냉채요리이다.

지급재료

양장피(양분피) $\frac{1}{2}$장, 돼지등심 50g(살코기), 조선부추 30g, 양파(중-150g 정도) $\frac{1}{2}$개, 건목이버섯 3개, 당근 30g(길이로 썰어서), 오이 $\frac{1}{2}$개(가늘고 곧은 것 20cm), 갑오징어(오징어) 50g, 건해삼(불린 것) 60g, 새우살(소) 50g, 육수(물로 대체 가능) 30mL, 달걀 1개, 겨자 10g, 진간장 5mL, 식초 50m, 백설탕 30g, 소금 3g, 참기름 5mL, 식용유 20mL

겨자소스 겨자 $\frac{1}{2}$T, 식초 1T, 물(육수) 1T, 설탕 1T, 소금 약간, 참기름 약간

Tip

양장피는 미지근한 물에 불려 끓는 물에 넣고 투명해지면 바로 건져 찬물에 식혀야 붇지 않는다. 돼지고기는 결대로 썰어야 부서지지 않으며 익으면 굵어지므로 얇게 채 썬다. 새우가 작은 경우에는 통째로 사용하며, 껍질이 없는 알새우가 지급된 경우 데쳐서 사용한다. 단, 지급된 새우의 양이 부족할 경우에는 길이로 반을 잘라 담는다. 달걀은 황, 백지단으로 부쳐야 한다. 양장피잡채는 돌려 담는 재료, 볶는 재료를 구분하여 사용하고, 각각의 재료를 균일하게 채 써는 것, 양장피 손질방법, 균형감 있게 완성그릇에 담아내는 데 포인트를 둔다.

만드는 법

1. 냄비에 물을 담아 불에 올린다. 겨자가루($\frac{1}{2}$큰술)를 미지근한 물($\frac{1}{2}$큰술)에 되직하게 개어 그릇의 바닥에 펴서 바른다. 물이 끓으면 냄비의 뚜껑을 덮어 겨자 바른 그릇을 뚜껑에 엎어 15분 정도 발효시킨다.
2. 양장피는 따뜻한 물에 담가 불리고, 건목이버섯도 따뜻한 물에 담가 불린다.
3. 양파는 폭 0.3cm로 채 썬다. 불린 목이버섯도 양파와 같은 크기로 썬다.
4. 부추는 길이 5cm로 썰어 흰 부분과 푸른 부분으로 나누어 놓는다.
5. 새우는 머리를 떼고 내장을 제거하고, 오징어는 껍질을 벗기고 안쪽에 사선으로 칼집을 넣는다.
6. 돼지고기는 길이 5cm, 폭·두께 0.3cm 정도로 채 썰어 소금, 청주로 밑간을 한 뒤 달걀흰자와 녹말을 넣어 버무린다.
7. 물이 끓으면 온수에 불린 양장피를 넣고 데쳐서 찬물에 담가 식히고, 표고버섯, 오징어, 새우, 해삼도 데쳐서 찬물에 담가 식힌 다음 건져서 물기를 뺀다.
8. 달걀은 황, 백으로 나누어 지단을 부치고 길이 5cm, 폭·두께 0.3cm로 채 썬다.
9. 오이는 돌려 깎아서 길이 5cm, 폭 0.3cm 정도로 채 썰고, 당근은 길이 5cm, 폭·두께 0.3cm로 채 썬다.
10. 데친 양장피는 물기를 빼고 가로·세로 4cm 정도로 잘라 참기름으로 버무린다.
11. 오징어와 해삼은 길이 5cm, 폭 0.3cm 정도로 채 썰고, 새우는 껍질을 벗겨 길이로 반을 자른다.
12. 발효된 겨자에 식초, 물(육수), 설탕, 소금, 참기름을 넣고 섞어서 겨자소스를 만든다.
13. 팬을 달구어 기름을 넉넉히 두르고 온도가 오르면(약 150℃) 양념한 돼지고기를 넣어 서로 달라붙지 않도록 젓가락으로 풀어주면서 데친다.
14. 팬에 기름을 두르고 간장과 청주를 넣어 향을 낸 다음 부추(흰 부분)와 양파, 목이버섯을 넣고 살짝 볶는다.
15. 위의 팬에 데친 돼지고기와 부추(파란 부분), 소금을 넣고 센 불에서 빠르게 볶고 참기름을 넣어 섞는다.
16. 완성그릇에 위의 채소와 해물을 색깔을 맞춰 돌려 담고, 가운데 부분에는 양장피와 볶은 채소를 올린다. 겨자소스를 함께 낸다.

요약

지급재료 확인 → 물 끓이기, 겨자 발효시키기 → 양장피·표고버섯 불리기 → 채소·해물·돼지고기 손질 → 채소·해물 데치기 → 지단 부치기 → 양장피 양념하기 → 재료 썰기 → 겨자소스 만들기 → 돼지고기 데치기 → 채소 볶기 → 담기

양장피 데치기

돌려 담는 재료 담기

볶는 재료 볶기

볶은 재료 담아내기

짜춘권 炸春卷

zha chun juan 자춘주안

튀길 작(炸) 봄 춘(春) 말 권(卷)

요구사항

※ 주어진 재료를 사용하여 다음과 같이 짜춘권을 만드시오.

1 작은 새우를 제외한 채소는 길이 4cm 정도로 써시오.

2 지단에 말이할 때는 지름 3cm 정도 크기의 원통형으로 하시오.

3 짜춘권은 길이 3cm 정도 크기로 8개 만드시오.

수험자 유의사항

1 새우의 내장을 제거하여야 한다.

2 타지 않게 튀겨 썰어내야 한다.

3 다음과 같은 경우에는 채점대상에서 제외한다.
   – 시험시간 내에 과제 두 가지를 제출하지 못한 경우: 미완성
   – 시험시간 내에 제출된 과제라도 다음과 같은 경우
   • 미완성: 문제의 요구사항대로 작품의 수량이 만들어지지 않은 경우
   • 오작: 해당 과제의 지급재료 이외의 재료를 사용한 경우, 구이를 찜으로 조리하는 등과 같이 조리방법을 다르게 한 경우
   • 실격: 가스레인지 화구 2개 이상 사용한 경우, 시험 중 시설 · 장비(칼, 가스레인지 등) 사용 시 감독위원 및 타 수험자의 시험 진행에 위협이 될 것으로 감독위원 전원이 합의하여 판단한 경우

4 항목별 배점은 위생상태 및 안전관리 5점, 조리기술 30점, 작품의 평가 15점이다.

짜춘권은 춘절(음력 1월 1일)을 전후로 해서 밀가루 전병이나 달걀지단에 음식을 싸서 튀겨 먹는 음식으로 중국 전통음식이다. 짜춘권의 '짜⟨작⟩(炸)'는 기름에 튀김, '춘(春)'은 봄, '권(卷)'은 말았다는 뜻이다.

지급재료

돼지등심(살코기) 50g, 작은 새우살 30g, 건해삼(불린 것) 20g, 양파(150g 정도) ½개, 조선부추 30g, 건표고버섯(불린 것) 2개, 죽순(통조림) 20g, 대파(흰 부분 6cm 기준) 1토막, 달걀 2개, 생강 5g, 진간장 10mL, 녹말가루(전분가루) 15g, 참기름 5mL, 청주 20mL, 식용유 800mL, 소금(정제염) 2g, 검은 후춧가루 2g, 밀가루(중력분) 20g

만드는 법

1 냄비에 물을 담아 불에 올린다. 표고버섯은 따뜻한 물에 불리고 죽순은 석회질을 제거한다.

2 양파와 죽순, 표고는 길이 4cm로 폭·두께 0.3cm로 채 썬다.

3 부추는 길이 4cm로 썰어 흰 부분과 파란 부분으로 나누어 놓는다. 대파, 생강은 얇게 채 썬다.

4 돼지고기는 핏물을 닦고 길이 4cm, 폭·두께 0.3cm로 채 썰어 간장, 소금, 청주, 후추를 조금 넣어 밑간한다.

5 새우는 머리를 떼고 꼬치로 내장을 제거하여 껍질을 벗긴 다음 반으로 저며 썰고, 해삼은 내장을 제거하고 길이 4cm, 폭 0.3cm로 채 썬다.

6 물이 끓으면 죽순과 표고버섯, 새우와 해삼을 각각 데친다.

7 밀가루에 물을 섞어 밀가루풀을 만들고, 녹말가루에 물을 섞어 물녹말을 만든다.

8 그릇에 달걀을 넣고 고루 푼 후 물녹말과 소금을 넣고 섞어서 체에 내린다.

9 프라이팬에 달걀지단을 부친다.

10 프라이팬에 기름을 두르고 대파, 생강을 볶다가 간장, 청주를 넣어 향을 낸다. 여기에 돼지고기, 양파, 죽순, 새우, 해삼, 표고버섯, 부추(흰 부분)를 넣고 센 불에서 살짝 볶은 후 나머지 부추(파란 부분)를 넣고 소금, 후추로 간을 한다. 마지막으로 참기름을 넣어 마무리한다.

11 김발 위에 달걀지단을 깔고 위의 볶은 재료를 올린 후 양옆을 접어 넣어 3cm 두께로 말고 지단의 끝부분은 밀가루풀로 발라 붙여준다.

12 튀김냄비의 기름 온도가 오르면 소를 넣어 말아 놓은 지단을 넣고 노릇하게 튀겨 짜춘권을 만든다.

13 튀긴 짜춘권을 길이 3cm로 썰어서 완성그릇에 담아낸다.

요약

지급재료 확인 → 채소 손질 → 돼지고기 손질 → 해물 손질 → 채소·해물 데치기 → 밀가루풀, 녹말풀 만들기 → 달걀지단 부치기 → 재료 볶기 → 지단 말기 → 튀기기 → 썰기 → 담기 짜춘권을 튀길 때 기름 온도가 너무 높으면 지단이 부풀어 풀어질 수 있으므로 주의하고, 온도가 너무 낮으면 기름을 많이 흡수하므로 기름 온도에 주의한다(적정온도 150~160℃). 짜춘권을 말 때는 단단하게 말아야 썰 때 잘 썰어지며, 튀길 때는 매듭 부분이 밑으로 가게 하여 체에 놓고 국자로 기름을 끼얹으면서 튀기기도 한다. 짜춘권의 개수는 보통 8조각을 만들어 제출한다. 짜춘권은 지단을 잘 부쳐 터지지 않게 튀겨내는 것이 중요하다. 형태는 길이 3cm, 높이는 2cm 정도로 하는 데 포인트를 둔다.

재료 썰기

춘권피 만들기

춘권피에 속재료 말기

기름에 튀기기

오징어냉채 涼拌魷魚
liang ban you yu 량반요우위
서늘할 량(涼) 버릴 반(拌) 오징어 우(魷) 물고기 어(魚)

시험시간
20분

요구사항

※ 주어진 재료를 사용하여 다음과 같
이 오징어냉채를 만드시오.

1 오징어는 종횡으로 칼집을 내어
3~4cm 정도로 써시오.

2 오이는 얇게 3~4cm 정도 편으로
썰어 사용하시오.

3 겨자는 숙성시켜 소스를 만드시오.

수험자 유의사항

1 오징어 몸살은 반드시 데쳐서 사용하여야 한다.

2 간을 맞출 때는 소금으로 적당히 맞추어야 한다.

3 다음과 같은 경우에는 채점대상에서 제외한다.

　– 시험시간 내에 과제 두 가지를 제출하지 못한 경우: 미완성

　– 시험시간 내에 제출된 과제라도 다음과 같은 경우

　　• 미완성: 문제의 요구사항대로 작품의 수량이 만들어지지 않은 경우

　　• 오작: 해당 과제의 지급재료 이외의 재료를 사용한 경우, 구이를 찜으로
　　　조리하는 등과 같이 조리방법을 다르게 한 경우

　　• 실격: 가스레인지 화구 2개 이상 사용한 경우, 시험 중 시설·장비(칼,
　　　가스레인지 등) 사용 시 감독위원 및 타 수험자의 시험 진행에 위협이
　　　될 것으로 감독위원 전원이 합의하여 판단한 경우

4 항목별 배점은 위생상태 및 안전관리 5점, 조리기술 30점, 작품의 평가 15점
이다.

오징어냉채는 손질한 오징어에 칼집을 넣어 모양을 내고 끓는 물에 데쳐서 겨자소스를 곁들여 먹는 음식으로 오징어의 부드럽고 촉촉한 맛과 오이의 아삭한 맛, 겨자소스의 톡 쏘는 매운맛이 조화를 이룬 냉채이다.

지급재료

갑오징어(오징어 대체 가능) 100g, 오이(가늘고 곧은 것 20cm) ½개, 식초 30mL, 백설탕 15g, 소금(정제염) 2g, 육수(또는 물) 20mL, 참기름 5mL, 겨자 20g
겨자소스 발효겨자 1T, 식초 2T, 물(육수) 1T, 설탕 1T, 소금 약간, 참기름 약간

만드는 법

1. 냄비에 물을 담아 불에 올린다. 겨자가루(½큰술)를 미지근한 물(½큰술)에 되직하게 개어 그릇의 바닥에 펴서 바른다. 물이 끓으면 냄비의 뚜껑을 덮어 겨자 바른 그릇을 뚜껑에 엎어 15분 정도 발효시킨다.
2. 오이는 소금으로 비벼 씻고 길이로 반을 잘라 씨 부분을 도려내고 길이 3cm, 두께 0.2cm로 편으로 썰어 소금에 절인다.
3. 오징어는 내장을 떼어내고 껍질을 벗겨 깨끗이 씻는다. 오징어 몸통의 안쪽에 폭 0.5cm 간격으로 길이로 칼집을 넣은 후 폭 3cm로 길게 자른다. 다시 폭 1cm 간격으로 가로로 칼집을 넣고 세 번째에 잘라 길이 3~4cm의 편으로 썬다.
4. 물이 끓으면 소금과 오징어를 넣고 데친 다음 건져서 찬물에 담가 식힌다.
5. 발효된 겨자에 식초, 설탕, 소금, 물(육수), 참기름을 섞어 겨자소스를 만든다.
6. 절인 오이와 데친 오징어(갑오징어)는 물기를 제거하고 완성그릇에 담는다.
7. 준비한 겨자소스를 끼얹어 낸다.

요약

지급재료 확인 → 물 끓이기, 겨자 발효하기 → 오이 손질하여 절이기 → 오징어 손질하여 데치기 → 겨자소스 만들기 → 그릇에 담기 → 겨자소스 끼얹기

Tip

냉채이므로 제출 직전에 버무려야 물기가 생기지 않는다. 겨자소스 덩어리가 생길 경우 체에 내려 사용하고, 참기름은 많이 넣지 않는다. 오이는 변색되지 않도록 주의한다. 오징어는 칼집을 깊이 넣어야 모양이 좋다. 오징어냉채는 오징어 손질방법, 겨자소스 만드는 방법, 오이 써는 방법과 이들을 조화롭게 담아내는 데 포인트를 둔다.

오징어 썰기

오이 썰기

오징어 데치기

겨자소스에 버무리기

새우완자탕 虾丸子湯
xia wan zi tang 샤완즈탕
새우 하(虾) 알 환(丸) 아들 자(子) 끓일 탕(湯)

🕐 시험시간
25분

요구사항

※ 주어진 재료를 사용하여 다음과 같이 새우완자탕을 만드시오.

1 새우는 내장을 제거하고 다져서 사용하시오.

2 완자는 새우살과 달걀흰자, 녹말가루를 이용하여 2cm 정도 크기로 6개 만드시오.

3 모든 채소는 3cm 정도 크기 편으로 써시오.

4 국물은 맑게 하고, 양은 300mL 정도 내시오.

수험자 유의사항

1 완자는 새우살을 잘 치대어 부드럽게 만들어야 한다.

2 완자를 만들 때 손이나 수저로 하나씩 떼어서 삶아 익히도록 한다.

3 다음과 같은 경우에는 채점대상에서 제외한다.

　– 시험시간 내에 과제 두 가지를 제출하지 못한 경우: 미완성

　– 시험시간 내에 제출된 과제라도 다음과 같은 경우

　　• 미완성: 문제의 요구사항대로 작품의 수량이 만들어지지 않은 경우

　　• 오작: 해당 과제의 지급재료 이외의 재료를 사용한 경우, 구이를 찜으로 조리하는 등과 같이 조리방법을 다르게 한 경우

　　• 실격: 가스레인지 화구 2개 이상 사용한 경우, 시험 중 시설·장비(칼, 가스레인지 등) 사용 시 감독위원 및 타 수험자의 시험 진행에 위협이 될 것으로 감독위원 전원이 합의하여 판단한 경우

4 항목별 배점은 위생상태 및 안전관리 5점, 조리기술 30점, 작품의 평가 15점이다.

새우완자탕은 새우살의 수분을 제거하고 곱게 다져서 양념한 다음 완자로 빚어
육수에 끓여낸 탕으로 담백하고 부드러우며 시원한 맛을 가지고 있다.

지급재료

작은 새우살 100g, 달걀 1개, 양송이(통조림) 1개, 대파(흰 부분 6cm 기준) 1토막, 죽순(통조림) 50g, 청경채 1포기, 녹말가루(감자전분) 30g, 참기름 10mL, 육수(또는물) 400mL, 소금 10g, 청주 30mL, 생강 5g, 진간장 10mL, 검은 후춧가루 5g

만드는 법

1 냄비에 물을 담아 불에 올린다.
2 대파는 송송 썰고, 생강은 즙을 내어 사용한다.
3 죽순과 청경채, 양송이버섯은 3cm 크기로 편을 썰어 끓는 소금물에 데친다.
4 냄비에 육수(또는 물)를 붓고 끓인다.
5 새우살은 내장과 물기를 제거하여 곱게 다진 후 소금, 생강즙, 흰자 1T, 전분 10g을 넣어 찰기가 생기도록 치댄다.
6 육수(또는 물)가 끓으면 치댄 새우살을 왼손에 쥐어 2cm 정도의 완자를 6개 이상 빚어 숟가락으로 떠 넣어 익힌다. 이때 거품이 발생하면 제거하며 새우 완자를 익혀 완성그릇에 담고 육수는 깨끗하게 정리한다.
7 위의 끓는 육수(또는 물)에 청주, 소금, 진간장, 검은 후춧가루를 넣고 간을 맞춘 후 죽순, 청경채, 양송이버섯을 넣고 끓어오르면 거품을 제거하고 참기름과 대파를 넣어 완성그릇에 담는다(완성 시 육수는 300mL, 새우완자는 6개 제출한다).

요약

지급재료 확인 → 물 끓이기 → 재료 씻기 및 썰기 → 새우살 다져 완자 만들기 → 끓이기 → 그릇에 담기

새우살 다지기

재료 썰기

완자 빚어 끓이기

끓이기

Tip

완자를 만들 때 전분을 너무 많이 넣으면 익고 난 후에 딱딱해지고 불투명하게 된다. 완자를 건져낸 후 채소를 넣고 오래 끓이지 않도록 한다. 새우완자탕은 완자가 투명하며, 국물을 맑게 하는 데 포인트를 둔다.

달걀탕 鷄蛋湯

ji dan tang 지단탕

닭 계(鷄) 새알 단(蛋) 끓일 탕(湯)

시험시간
20분

요구사항

※ 주어진 재료를 사용하여 다음과 같이 달걀탕을 만드시오.

1 대파와 표고, 죽순은 4cm 정도의 채로 써시오.

2 수프의 색이 혼탁하지 않게 하시오.

수험자 유의사항

1 달걀이 뭉치지 않게 풀어야 한다.

2 녹말가루 농도에 유의하여야 한다.

3 다음과 같은 경우에는 채점대상에서 제외한다.

– 시험시간 내에 과제 두 가지를 제출하지 못한 경우: 미완성

– 시험시간 내에 제출된 과제라도 다음과 같은 경우

· 미완성: 문제의 요구사항대로 작품의 수량이 만들어지지 않은 경우

· 오작: 해당 과제의 지급재료 이외의 재료를 사용한 경우, 구이를 찜으로 조리하는 등과 같이 조리방법을 다르게 한 경우

· 실격: 가스레인지 화구 2개 이상 사용한 경우, 시험 중 시설 · 장비(칼, 가스레인지 등) 사용 시 감독위원 및 타 수험자의 시험 진행에 위협이 될 것으로 감독위원 전원이 합의하여 판단한 경우

4 항목별 배점은 위생상태 및 안전관리 5점, 조리기술 30점, 작품의 평가 15점이다.

달걀탕은 해물육수에 여러 가지 재료를 넣고 달걀물을 풀어 부드럽게 끓여낸 탕요리이다.
마지막에 풀어 넣은 달걀(蛋)의 모양이 꽃(花)이 핀 것과 같이 아름답다고 하여 붙여진 이름이다.

지급재료

달걀 1개, 돼지고기(등심) 10g, 팽이버섯 10g, 해삼 20g, 죽순 20g, 표고버섯(불린 것) 1개, 육수(물) 450mL, 대파(흰 부분 6cm 기준) 1토막, 흰 후춧가루 2g, 참기름 5mL, 녹말가루(감자전분) 15g, 소금 4g, 진간장 15mL

만드는 법

1 냄비에 물을 담아 불에 올린다. 따뜻한 물에 표고버섯을 불리고, 죽순은 석회질을 제거한다.
2 대파는 길이로 반을 잘라 길이 4cm, 폭 0.2cm로 채 썬다.
3 죽순은 빗살 모양을 살려 길이 4cm, 폭 1cm, 두께 0.2cm로 편으로 썬다.
4 표고버섯은 기둥을 떼고 포를 뜨듯 저며 썰어 폭·두께 0.2cm로 채 썬다.
5 팽이버섯은 밑둥을 제거하고 길이 4cm로 썰어서 뭉치지 않게 하나하나 떼어 놓는다.
6 해삼은 내장을 떼어내고 길이 3cm, 폭 0.3cm로 채 썬다.
7 돼지고기는 면보로 핏물을 닦고 길이 4cm, 두께 0.2cm로 포를 떠서 폭 0.2cm로 채 썬다.
8 물이 끓으면 죽순과 표고버섯을 데친다.
9 냄비에 물(2컵)을 붓고 불에 올려 끓인다.
10 달걀은 소금을 조금 넣고 고루 섞는다. 물녹말을 만든다.
11 물이 끓으면 돼지고기, 해삼을 넣고 끓어오르면 거품을 제거하고 간장, 소금, 후추로 간을 한다.
12 위의 냄비에 죽순, 표고버섯, 팽이버섯, 대파, 생강을 넣고 끓으면 물녹말을 넣어 농도를 맞춘다.
13 다시 끓어오르면 약불로 낮추어 풀어 놓은 달걀물을 돌려 붓는다.
14 달걀이 익으면 참기름을 넣고 완성그릇에 담는다.

채소 썰기

재료 끓이기

육수 농도 맞추기

달걀 넣어 익히기

요약

지급재료 확인 → 물 끓이기 → 채소 세척 후 손질 → 해삼 손질 → 돼지고기 손질 → 달걀 풀기, 물녹말 만들기 → 돼지고기 · 해물 넣고 끓이기, 채소 넣기, 간하기, 물녹말 넣기 → 달걀 풀기, 참기름 넣기 → 담기

Tip

물녹말의 농도에 유의하여야 한다. 달걀물을 풀어 넣고는 많이 젓지 않는다. 떠오르는 거품은 제거해야 국물이 맑다. 달걀탕은 물녹말의 농도를 잘 조절하고 달걀을 잘 풀어 맑게 끓여내는 것이 포인트다.

탕수생선살 糖醋魚塊

tang cu yu kuai 탕추유큐아이

사탕 · 엿 당(糖) 식초 초(醋) 고기 어(魚) 덩어리 괴(塊)

시험시간
30분

요구사항

※ 주어진 재료를 사용하여 다음과 같이 탕수생선살을 만드시오.

1 생선살은 4×1cm 크기로 썰어 사용하시오.

2 채소는 편으로 썰어 사용하시오.

수험자 유의사항

1 튀긴 생선은 바삭함이 유지되도록 한다.

2 소스 녹말가루 농도에 유의한다.

3 다음과 같은 경우에는 채점대상에서 제외한다.

  – 시험시간 내에 과제 두 가지를 제출하지 못한 경우: 미완성

  – 시험시간 내에 제출된 과제라도 다음과 같은 경우

    • 미완성: 문제의 요구사항대로 작품의 수량이 만들어지지 않은 경우

    • 오작: 해당 과제의 지급재료 이외의 재료를 사용한 경우, 구이를 찜으로 조리하는 등과 같이 조리방법을 다르게 한 경우

    • 실격: 가스레인지 화구 2개 이상 사용한 경우, 시험 중 시설 · 장비(칼, 가스레인지 등) 사용 시 감독위원 및 타 수험자의 시험 진행에 위협이 될 것으로 감독위원 전원이 합의하여 판단한 경우

4 항목별 배점은 위생상태 및 안전관리 5점, 조리기술 30점, 작품의 평가 15점이다.

탕수생선살은 생선살을 4×1cm 간격으로 자른 후 밑양념하여 튀겨낸 후
새콤달콤한 탕수소스와 함께 곁들인 산동요리이다. 이 요리의 특징은 튀김옷은 바삭하고
생선살은 부드러우면 담백하고, 소스는 새콤달콤하여 손님 접대에 잘 어울린다.

지급재료

흰 생선살(동태 또는 대구) 150g, 당근 30g, 오이 ⅓개, 완두콩 20g, 파인애플(통조림) 1쪽, 건목이버섯 2개, 설탕 100g, 녹말가루 200g, 식용유 600mL, 식초 60mL, 진간장 30mL, 달걀 1개, 육수 300mL

탕수육소스 물(육수) 300mL, 설탕 100g, 식초 60mL, 간장 30mL

만드는 법

1 냄비에 물을 담아 불에 올린다.
2 물과 녹말을 같은 양으로 넣고 섞어서 튀김용 불린 녹말을 만든다.
3 따뜻한 물에 목이버섯을 불린 후 먹기 좋은 크기로 자른다.
4 파인애플은 8조각으로 자른다.
5 완두콩은 물에 세척하여 준비한다.
6 생선살은 물기를 제거한 후 1×4cm 크기로 썰어 진간장, 청주로 밑간을 하여 달걀과 불린 녹말로 옷을 입혀 160℃에 2번 튀긴다.
7 물녹말을 만든다.
8 팬을 달구어 기름을 두르고 당근, 목이버섯을 넣고 빠르게 볶는다.
9 위의 팬에 물(육수)을 붓고 설탕, 간장, 식초를 넣어 간을 맞춘 후 끓어오르면 완두콩, 파인애플, 오이를 넣고 물 녹말을 넣어 농도를 맞춘다.
10 완성그릇에 튀겨진 생선살을 담고 소스를 고루 끼얹어 완성한다.

요약

지급재료 확인 → 물 끓이기 → 채소 손질 → 생선살 손질하여 튀기기 → 소스 만들기 → 튀긴 생선살에 소스 담아내기

생선살은 물기를 잘 제거한 후 밑양념하여 2번 튀겨야 풍미가 좋다(특히 2번째 튀김을 할 때는 높은 온도에서 튀겨야 맛있는 생선살이 된다). 소스의 농도를 맞출 때는 물 전분을 너무 일찍 넣거나 많은 양을 넣으면 소스가 탁하거나 윤기가 떨어지게 된다.

생선살 손질하기

채소 썰기

생선살 튀기기

소스 맞추기

탕수육 糖醋肉

tang cu rou 탕추로우

사탕 · 엿 당(糖) 식초 초(醋) 고기 육(肉)

시험시간
30분

요구사항

※ 주어진 재료를 사용하여 다음과 같이 탕수육을 만드시오.

1 돼지고기는 길이를 4cm 정도로 하고 두께는 1cm 정도의 긴 사각형 크기로 써시오.
2 채소는 편으로 써시오.
3 튀김은 앙금녹말을 만들어 사용하시오.

수험자 유의사항

1 소스 녹말가루 농도에 유의한다.
2 맛은 시고 단맛이 동일해야 한다.
3 다음과 같은 경우에는 채점대상에서 제외한다.
   - 시험시간 내에 과제 두 가지를 제출하지 못한 경우: 미완성
   - 시험시간 내에 제출된 과제라도 다음과 같은 경우
     · 미완성: 문제의 요구사항대로 작품의 수량이 만들어지지 않은 경우
     · 오작: 해당 과제의 지급재료 이외의 재료를 사용한 경우, 구이를 찜으로 조리하는 등과 같이 조리방법을 다르게 한 경우
     · 실격: 가스레인지 화구 2개 이상 사용한 경우, 시험 중 시설 · 장비(칼, 가스레인지 등) 사용 시 감독위원 및 타 수험자의 시험 진행에 위협이 될 것으로 감독위원 전원이 합의하여 판단한 경우
4 항목별 배점은 위생상태 및 안전관리 5점, 조리기술 30점, 작품의 평가 15점이다.

탕수육은 糖(달고), 醋(새콤한) 고기요리란 뜻으로 채소와 돼지고기 튀김을 탕수소스에 버무려 완성한 음식이다. 중국요리에서 고기(肉)라 할 때는 주로 돼지고기를 가리키는데 한족과 만주족이 워낙 돼지고기를 좋아해서 요리에 쇠고기보다 돼지고기를 더 많이 사용하기 때문이며, 쇠고기는 따로 우육(牛肉)이라고 구분한다.

지급재료

돼지등심(살코기) 200g, 양파(150g) ½개, 당근 30g, 오이(가늘고 곧은 것 20cm) ⅙개, 완두(통조림) 15g, 목이버섯 2장, 대파(흰 부분 6cm 기준) 1토막, 달걀 1개, 백설탕 30g, 육수(또는 물) 200mL, 진간장 15mL, 녹말가루 200g, 식용유 800mL, 청주 15mL, 식초 50mL

탕수육 소스 물(육수) 200mL(1컵), 설탕 3T, 식초 3T, 간장 1t, 참기름 약간, 전분 2T

만드는 법

1 냄비에 물을 담아 불에 올린다. 물과 녹말을 같은 양으로 넣고 섞어서 튀김용 앙금녹말(불린 녹말)을 만든다.
2 따뜻한 물에 목이버섯을 불린다.
3 대파는 길이로 반을 잘라 길이 4cm, 폭 1cm로 자른다.
4 양파, 오이, 당근은 편으로 자르고, 목이버섯은 한 입 크기로 손질한다.
5 돼지고기는 길이 4cm, 폭·두께 1cm로 잘라 청주와 간장으로 밑간을 한 다음 달걀과 앙금녹말(불린 녹말)을 넣고 버무린다.
6 튀김 냄비의 기름 온도가 오르면 버무린 돼지고기를 넣고 튀긴다. 다시 기름온도가 오르면 튀긴 돼지고기를 한번 더 바삭하게 튀긴다.
7 팬에 기름을 두르고 대파를 볶다가 간장을 넣어 향을 낸 다음 당근, 양파, 오이, 목이버섯을 넣고 빠르게 볶는다.
8 위의 팬에 물(육수)을 붓고 설탕, 식초, 소금을 넣어 간을 맞춘 다음 끓어오르면 물녹말을 넣어 농도를 맞춘 다음 완두콩을 넣는다.
9 튀겨낸 돼지고기를 접시에 담고 그 위에 탕수육 소스를 담아낸다.

요약

지급재료 확인 → 물 끓이기 → 녹말 불리기, 목이버섯 불려 뜯기 → 채소 손질하여 썰기 → 돼지고기 썰어서 버무리기 → 돼지고기 튀기기(2회) → 소스 만들기 → 버무리기 → 담기

Tip

돼지고기는 첫 번째 튀길 때는 중간 정도의 온도(170℃)에서 고기 속까지 익도록 튀기고, 두 번째 튀길 때는 처음보다 높은 온도(180~200℃)에서 튀겨야 바삭하게 튀겨진다. 오이와 완두는 다른 채소를 볶을 때 같이 넣어도 좋지만 푸른색이 변하기 쉬우므로 되도록 나중에 넣는다. 물녹말은 물(육수)이 끓기 전에 넣거나 한꺼번에 많은 양을 넣고 약불에서 조리하면 소스가 탁하고 윤기가 나지 않으므로 주의한다. 탕수육의 돼지고기 튀김은 바삭하게 2번 튀기고, 소스는 농도와 윤기가 있도록 하며, 채소의 크기는 일정하게 편으로 자르는 것이 포인트다.

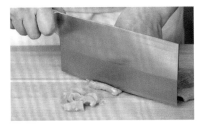

재료 손질하기

돼지고기 튀기기

소스 만들기

튀긴 탕수육을 소스에 넣기

난자완스 南煎丸子

nan jian wan zi 난지엔완즈

남녘 남(南) 달인 전(煎) 알 환(丸) 아들 자(子)

시험시간 25분

요구사항

※ 주어진 재료를 사용하여 다음과 같이 난자완스를 만드시오.

1 완자는 직경 4cm 정도로 둥글고 납작하게 만드시오.

2 채소 크기는 4cm 정도 크기의 편으로 써시오. (단, 대파는 3cm 정도)

수험자 유의사항

1 완자는 갈색이 나도록 하여야 한다.

2 소스 녹말가루 농도에 유의한다.

3 다음과 같은 경우에는 채점대상에서 제외한다.

　－ 시험시간 내에 과제 두 가지를 제출하지 못한 경우: 미완성

　－ 시험시간 내에 제출된 과제라도 다음과 같은 경우

　　• 미완성: 문제의 요구사항대로 작품의 수량이 만들어지지 않은 경우

　　• 오작: 해당 과제의 지급재료 이외의 재료를 사용한 경우, 구이를 찜으로 조리하는 등과 같이 조리방법을 다르게 한 경우

　　• 실격: 가스레인지 화구 2개 이상 사용한 경우, 시험 중 시설·장비(칼, 가스레인지 등) 사용 시 감독위원 및 타 수험자의 시험 진행에 위협이 될 것으로 감독위원 전원이 합의하여 판단한 경우

4 항목별 배점은 위생상태 및 안전관리 5점, 조리기술 30점, 작품의 평가 15점이다.

난자완스는 산동요리로 돼지고기를 다져서 양념하여 동그랗게 살짝 튀겨 납작하게 모양을 만든 후 다시 한 번 튀겨서 소스에 버무린 음식이다. '난'은 남쪽지방, '자'는 기름에 지진다는 뜻이고 '완스'는 재료를 다져 동그랗게 빚어 만든 것이다.

지급재료

돼지등심살(다진 살코기) 200g, 청경채 1포기, 죽순(통조림) 50g, 건표고버섯(불린 것) 2장, 달걀 1개, 생강 5g, 대파(흰 부분 6cm 기준) 1토막, 간 마늘 2쪽, 검은 후춧가루 1g, 육수(또는 물) 200mL, 진간장 15mL, 녹말가루 150g, 식용유 800mL, 청주 20mL, 소금 3g, 참기름 5mL

난자완스 소스 물(육수) 200cc(1컵), 청주 1t, 소금 약간, 간장 2t, 참기름 약간, 전분 2T

만드는 법

1 냄비에 물을 담아 불에 올린다. 건표고버섯은 따뜻한 물에 불리고, 죽순은 석회질을 제거한다.
2 생강은 ½은 다져 생강즙을 만들고 ½은 편 썰고, 마늘도 편 썰고, 대파는 3cm 편으로 썬다.
3 죽순과 청경채는 길이 4cm, 폭 2cm로 편으로 자르고, 표고버섯은 기둥을 떼고 길이 4cm, 폭 2cm로 편으로 썬다.
4 물이 끓으면 죽순과 청경채, 표고버섯을 데친다.
5 돼지고기는 핏물, 기름과 막을 제거하고 곱게 다진다.
6 다진 돼지고기는 생강즙, 소금, 청주, 후추, 달걀, 녹말을 넣어 잘 섞은 후 치대어 직경 3cm 정도로 완자를 빚어 팬에 살짝 지진 후 눌러서 4cm 정도로 납작하게 모양을 만든다.
7 팬에 기름을 두르고 편으로 썬 대파, 생강, 마늘을 넣고 볶다가 간장, 청주를 넣고 향을 낸 다음, 청경채, 표고버섯, 죽순을 빠르게 볶는다.
8 여기에 육수(또는 물)를 넣고 끓으면 후춧가루, 완자를 넣고 끓인 후 물녹말을 넣어 농도를 맞춘 다음 참기름을 둘러 완성그릇에 담는다.

요약

지급재료 확인 → 물 끓이기 → 채소 손질하여 썰기 → 돼지고기 다져 완자 만들기 → 완자 지지기 → 소스 만들기 → 버무리기 → 담기

채소 썰기

완자 치대기

완자 성형하기

만들어진 소스에 완자 넣기

Tip

돼지고기의 반죽은 끈기가 생길 때까지 잘 섞어 주어야 하며, 완자의 크기에 주의한다. 채소는 균일하게 편으로 자른다. 난자완스는 완자 크기에 주의하며 초벌 튀김하여 성형한 후 노릇하게 튀겨야 하며, 소스는 적당한 농도와 윤기가 있도록 하는 데 포인트를 둔다.

새우케첩볶음 蕃茄蝦仁
fan qie xia ren 판치에시아런
우거 질(蕃) 가지 가(茄) 새우 하(蝦) 어질 인(仁)

🕐 시험시간
25분

요구사항

※ 주어진 재료를 사용하여 다음과 같이 새우케첩볶음을 만드시오.

1 새우의 내장을 제거하시오.
2 당근과 양파는 1cm 정도 크기의 편으로 써시오.

수험자 유의사항

1 튀긴 새우는 타거나 설익지 않도록 한다
2 녹말가루 농도에 유의하여야 한다
3 다음과 같은 경우에는 채점대상에서 제외한다.
   − 시험시간 내에 과제 두 가지를 제출하지 못한 경우: 미완성
   − 시험시간 내에 제출된 과제라도 다음과 같은 경우
     • 미완성: 문제의 요구사항대로 작품의 수량이 만들어지지 않은 경우
     • 오작: 해당 과제의 지급재료 이외의 재료를 사용한 경우, 구이를 찜으로 조리하는 등과 같이 조리방법을 다르게 한 경우
     • 실격: 가스레인지 화구 2개 이상 사용한 경우, 시험 중 시설·장비(칼, 가스레인지 등) 사용 시 감독위원 및 타 수험자의 시험 진행에 위협이 될 것으로 감독위원 전원이 합의하여 판단한 경우
4 항목별 배점은 위생상태 및 안전관리 5점, 조리기술 30점, 작품의 평가 15점 이다.

새우를 튀겨서 새콤달콤한 케첩소스에 볶듯이 버무린 음식이다.

새우케첩볶음은 '깐쇼새우' 또는 '간사오샤런(干燒蝦仁)'이라고도 하는데

양념을 넣고 국물이 없게(干) 졸인(燒) 새우(蝦仁)라는 뜻이다.

지급재료

작은 새우살(내장이 있는 것) 200g, 양파(150g) ½개, 당근 30g, 완두콩 10g, 대파(흰 부분 6cm 기준) 1토막, 토마토케첩 50g, 녹말가루 100g, 진간장 15mL, 생강 5g, 달걀 1개, 소금(정제염) 2g, 식용유 800mL, 청주 30mL, 육수(또는 물) 100mL, 백설탕 10g, 이쑤시개 1개

새우케첩볶음 소스 물(육수) ½컵, 케첩 50g, 설탕 1T, 청주 약간, 물녹말 약간, 참기름 약간

만드는 법

1 새우 튀길 기름을 올린다.

2 대파는 길이로 반을 잘라 길이 1cm로 썰고, 생강은 편으로 썬다.

3 양파는 가로·세로 1cm 크기로 썰고, 당근은 가로·세로 1cm, 두께 0.3cm로 썬다.

4 완두콩은 체에 밭쳐 물로 헹구고 수분을 제거한다.

5 새우는 꼬치로 내장을 제거하고, 머리를 떼고 껍질을 벗긴 다음 옅은 소금물에 씻어서 물기를 닦는다. 새우에 소금과 청주로 밑간을 하고 달걀과 녹말을 넣어 버무린다.

6 물녹말을 만든다.

7 튀김냄비의 기름 온도가 오르면 버무린 새우를 넣고 튀긴다. 다시 기름 온도가 오르면 튀긴 새우를 한 번 더 바삭하게 튀긴다.

8 팬에 기름을 두르고 대파와 생강을 넣고 볶다가 청주를 넣고 향을 낸 다음 양파, 당근을 넣고 빠르게 볶는다.

9 위의 팬에 케첩을 넣고 살짝 볶은 후 물을 붓고, 설탕과 소금으로 간을 맞추고 끓어오르면 물녹말을 넣어 농도를 맞춘다.

10 소스에 튀긴 새우와 완두콩을 넣고 버무린 후 참기름을 넣어 완성그릇에 담는다.

요약

지급재료 확인 → 채소 세척 후 편 썰기 → 새우 손질하여 튀김옷 입히기 → 새우 튀기기 → 소스 만들기 → 버무리기 → 담기

 Tip

새우가 바삭하게 익을 수 있도록 두 번 튀긴다. 완두콩은 생완두콩일 경우 끓는 물에 데쳐서 사용한다. 토마토케첩을 살짝 볶아 신맛을 제거하면서 색깔을 유지한다. 새우케첩볶음은 국물이 없는 음식이므로 완성그릇에 담을 때 국물이 없게 담아낸다. 새우케첩볶음은 새우를 손질하여 바삭하게 두 번 튀겨내고, 채소는 균일하게 자르고, 소스의 색과 농도를 잘 맞추는 것이 포인트다.

새우 손질

채소 썰기

새우 튀기기

튀긴 새우를 소스에 버무리기

깐풍기 乾烹鷄

gan peng ji 깐펑지
마늘 건(乾) 삶을 팽(烹) 닭 계(鷄)

시험시간
30분

요구사항

※ 주어진 재료를 사용하여 다음과
같이 깐풍기를 만드시오.

1 닭은 뼈를 발라낸 후 사방 3cm 정
도 사각형으로 써시오.

2 닭을 튀기기 전에 튀김옷을 입히
시오.

수험자 유의사항

1 프라이팬에 소스와 혼합할 때 타지 않도록 하여야 한다.

2 잘게 썬 채소의 비율이 동일하여야 한다.

3 다음과 같은 경우에는 채점대상에서 제외한다.

 ─ 시험시간 내에 과제 두 가지를 제출하지 못한 경우: 미완성

 ─ 시험시간 내에 제출된 과제라도 다음과 같은 경우

 • 미완성: 문제의 요구사항대로 작품의 수량이 만들어지지 않은 경우

 • 오작: 해당 과제의 지급재료 이외의 재료를 사용한 경우, 구이를 찜으로
 조리하는 등과 같이 조리방법을 다르게 한 경우

 • 실격: 가스레인지 화구 2개 이상 사용한 경우, 시험 중 시설·장비(칼,
 가스레인지 등) 사용 시 감독위원 및 타 수험자의 시험 진행에 위협이
 될 것으로 감독위원 전원이 합의하여 판단한 경우

4 항목별 배점은 위생상태 및 안전관리 5점, 조리기술 30점, 작품의 평가 15점
이다.

깐풍기는 튀긴 닭을 깐풍소스(매콤하고 새콤달콤한 맛)에 버무린 요리로,
'깐풍'이라는 뜻은 육수 없이 마르게 볶은 상태를 말하며, '기(계)'는 닭고기를 의미한다.

지급재료

닭다리(허벅지살 포함) 1개, 대파(흰 부분 6cm 기준) 2토막, 청피망(75g 정도, 중 크기) ½개, 깐 마늘 3쪽, 생강 5g, 홍고추(생) 1개, 달걀 1개, 육수(또는 물) 45mL, 식초 15mL, 청주 15mL, 진간장 15mL, 녹말가루(감자전분) 150g, 백설탕 15g, 참기름 5mL, 식용유 800mL, 소금(정제염) 10g, 검은 후춧가루 1g

깐풍기 소스 물(육수) 3T, 간장 1T, 설탕 1T, 식초 1T, 청주 1t, 참기름 약간

만드는 법

1 물과 녹말을 같은 양으로 넣고 섞어서 튀김용 불린 녹말을 만든다.
2 닭 튀길 기름을 올린다.
3 청피망, 홍고추는 꼭지를 떼어 씨를 털어내고 가로·세로 0.5cm 정도로 썬다.
4 대파는 길이로 반을 잘라 0.5cm 정도로 굵게 다지고, 생강, 마늘은 0.5cm 정도로 다진다.
5 닭다리 뼈에서 살을 분리하여 지방을 제거한 후 가로·세로 3cm 정도의 사각형 크기로 썬 다음 간장과 소금, 청주, 후추로 밑간을 한 뒤 달걀과 불린 녹말을 넣고 버무린다.
6 튀김냄비의 기름 온도(160~170℃)가 오르면 버무린 닭고기를 넣고 튀긴다. 다시 기름 온도가 오르면 튀긴 닭고기를 한 번 더 바삭하게 튀긴다[닭고기는 첫 번째 튀길 때는 중간 정도의 온도(160~170℃)에서 고기 속까지 익도록 튀기고, 두 번째 튀길 때는 처음보다 높은 온도(180~200℃)에서 튀겨야 바삭하게 튀겨진다.]
7 팬에 기름을 두르고 대파, 생강, 마늘을 넣고 재빨리 볶아서 향을 낸 다음 진간장, 청주를 넣고 홍고추, 청피망을 넣고 볶다가 물(45mL), 설탕(15mL), 식초(15mL)를 넣고 센 불에서 끓여 깐풍기 소스를 만든다.
8 위의 깐풍기 소스에 튀긴 닭을 넣고 고루 섞은 후 참기름을 넣어 완성그릇에 담는다.

요약

지급재료 확인 → 채소 세척 후 썰기 → 닭 손질하여 튀김옷 입히기 → 닭 튀기기 → 소스 만들기 → 버무리기 → 담기

닭 손질하기

채소 썰기

닭 튀기기

튀긴 닭을 소스에 버무리기

Tip

닭고기는 바삭하게 익을 수 있도록 두 번 튀긴다. 깐풍기는 국물이 없는 요리이므로 이 점에 주의한다. 깐풍기는 닭을 손질하여 바삭하게 두 번 튀겨내는 것, 채소는 균일하게 자르고, 튀긴 닭과 소스를 국물 없이 잘 버무려 제출하는 데 포인트를 둔다.

라조기 辣椒鷄

la jiao ji 라지아오지

매울 랄(辣) 후추 초(椒) 닭 계(鷄)

시험시간
30분

요구사항

※ 주어진 재료를 사용하여 다음과 같이 라조기를 만드시오.

1 닭은 뼈를 발라낸 후 길이 5cm × 폭 1cm로 써시오.

2 채소는 길이 5cm × 폭 2cm로 써시오.

수험자 유의사항

1 소스의 농도에 유의한다.

2 채소색이 퇴색되지 않도록 한다.

3 다음과 같은 경우에는 채점대상에서 제외한다.

－ 시험시간 내에 과제 두 가지를 제출하지 못한 경우: 미완성

－ 시험시간 내에 제출된 과제라도 다음과 같은 경우

• 미완성: 문제의 요구사항대로 작품의 수량이 만들어지지 않은 경우

• 오작: 해당 과제의 지급재료 이외의 재료를 사용한 경우, 구이를 찜으로 조리하는 등과 같이 조리방법을 다르게 한 경우

• 실격: 가스레인지 화구 2개 이상 사용한 경우, 시험 중 시설ㆍ장비(칼, 가스레인지 등) 사용 시 감독위원 및 타 수험자의 시험 진행에 위협이 될 것으로 감독위원 전원이 합의하여 판단한 경우

4 항목별 배점은 위생상태 및 안전관리 5점, 조리기술 30점, 작품의 평가 15점이다.

라조기의 '라조'는 고추를, '기(계)'는 닭고기를 의미하며, 이 요리의 특징은 튀긴 닭에 여러 가지 채소를 넣고 매콤하게 만든 소스에 버무린 음식으로 사천요리 중 하나이다. 사천요리는 양쯔강 상류의 산악지대 요리로 바다가 멀고 날씨가 추워 요리에 삼초(고추, 후추, 산초) 등 향신료를 많이 사용한 매운 요리가 발달했다.

지급재료

닭다리(허벅지살 포함) 1개, 마른 홍고추 1개, 청피망(75g, 중간 크기) ⅓개, 청경채 1포기, 건표고버섯(불린 것) 1장, 대파(흰 부분 6cm 기준) 2토막, 양송이(통조림) 1개, 죽순(통조림) 50g, 달걀 1개, 생강 5g, 깐 마늘 1쪽, 진간장 30mL, 녹말가루(감자전분) 100g, 청주 15mL, 육수(또는 물) 200mL, 식용유 900mL, 소금(정제염) 5g, 검은 후춧가루 1g, 고추기름 10mL

라조기 소스 물(육수) 200cc(1컵), 간장 1T, 청주 1T, 소금 약간, 녹말 2T, 참기름 약간, 후춧가루 약간

요약

재료 확인 → 녹말 불리기 → 채소 손질하여 썰기, 데치기 → 닭 썰어서 버무리기 → 물녹말 만들기 → 닭 튀기기(2회) → 라조기 소스 만들기 → 버무리기 → 담기

Tip

닭은 기름기를 잘라내고 살만 발라 사용하고, 발라내고 남은 뼈는 물을 붓고 끓여서 육수를 만들기도 한다. 채소는 크기에 맞춰 5×2cm 크기로 균일하게 자른다. 라조기는 닭을 속까지 익도록 바삭하게 튀겨 내고, 채소의 크기는 균일하게 자르고, 적당한 농도와 윤기가 있도록 소스를 만드는 데 포인트를 둔다.

만드는 법

1. 냄비에 물을 담아 불에 올린다. 따뜻한 물에 표고버섯을 불리고, 죽순은 석회질을 제거한다.
2. 물과 녹말을 같은 양으로 넣고 섞어서 튀김용 불린 녹말을 만든다.
3. 청피망, 건홍고추는 꼭지를 떼어 씨를 털어내고 길이 5cm, 폭 2cm로 썬다.
4. 대파는 길이로 반을 잘라 길이 5cm, 폭 2cm의 편으로 썰고, 마늘과 생강은 편으로 썬다.
5. 청경채, 죽순은 길이 5cm, 폭 2cm, 두께 0.2cm 정도의 편으로 썰고, 표고버섯은 기둥을 떼고 죽순과 같은 크기로 썰어 끓는 물에 데친다.
6. 닭은 뼈를 발라내고 기름기를 자른 후 길이 5cm, 폭·두께 1cm로 썰어 소금, 간장, 청주로 밑간을 한 다음 달걀과 불린 녹말을 넣어 버무린다.
7. 튀김냄비의 기름 온도가 오르면 버무린 닭고기를 넣고 튀긴다. 다시 기름 온도가 오르면 튀긴 닭고기를 한 번 더 바삭하게 튀긴다.
8. 팬에 고추기름을 두르고 마른 홍고추를 넣어 볶다가 대파와 마늘, 생강을 넣고 볶아 향을 낸 다음 간장과 청주를 넣는다.
9. 위의 팬에 청피망, 죽순, 청경채, 표고버섯을 넣어 빠르게 볶다가 물(육수)을 붓고 소금으로 간을 맞춘 다음 끓어오르면 물녹말을 넣어 농도를 맞춘다.
10. 위의 라조기 소스에 튀긴 닭을 버무린 후 참기름을 두르고 완성그릇에 담는다.

닭 손질하기

채소 썰기

닭 튀기기

튀긴 닭을 소스에 버무리기

마파두부 麻婆豆腐
ma po dou fu 마포도우푸
참깨 · 삼 마(麻) 할미 파(婆) 콩 두(豆) 썩을 부(腐)

시험시간
25분

요구사항

※ 주어진 재료를 사용하여 다음과 같
  이 마파두부를 만드시오.

1 두부는 1.5cm 정도의 주사위 모양
  으로 써시오.

2 두부가 차지 않게 하시오.

수험자 유의사항

1 두부가 으깨어지지 않아야 한다.

2 녹말가루 농도에 유의하여야 한다.

3 다음과 같은 경우에는 채점대상에서 제외한다.
   − 시험시간 내에 과제 두 가지를 제출하지 못한 경우: 미완성
   − 시험시간 내에 제출된 과제라도 다음과 같은 경우
     · 미완성: 문제의 요구사항대로 작품의 수량이 만들어지지 않은 경우
     · 오작: 해당 과제의 지급재료 이외의 재료를 사용한 경우, 구이를 찜으로
       조리하는 등과 같이 조리방법을 다르게 한 경우
     · 실격: 가스레인지 화구 2개 이상 사용한 경우, 시험 중 시설 · 장비(칼,
       가스레인지 등) 사용 시 감독위원 및 타 수험자의 시험 진행에 위협이
       될 것으로 감독위원 전원이 합의하여 판단한 경우

4 항목별 배점은 위생상태 및 안전관리 5점, 조리기술 30점, 작품의 평가 15점
  이다.

마파두부는 청나라 동치제 때 사천지방에 사는 진마파가 노동자들이 가지고 온 고기와 두부를 가지고 만든 요리로, 고기는 다져서 기름에 볶아내고 육수에 고추와 두지를 사용하여 매콤하게 하고 그 안에 두부를 넣고 조리했다. 이 요리는 맛이 있고 건강식이라 소문이 나서 유명해졌고 지금도 중국사람들이 즐겨 먹는다.

지급재료

돼지 등심살(다진 살코기) 50g, 대파(흰 부분 6cm 기준) 1토막, 두부 150g, 홍고 추(생) 1개, 깐 마늘 2쪽, 생강 5g, 두반장 10g, 식용유 20mL, 진간장 10ml, 녹말가루 (감자전분) 15g, 육수(또는 물) 100mL, 백 설탕 5g, 고춧가루 15g, 검은 후춧가루 5g, 참기름 5mL

마파두부 소스 육수(또는 물) 100mL, 두 반장 10g, 간장 1t, 청주 1t, 설탕 1t, 후추 1t, 참기름 약간

만드는 법

1. 냄비에 물을 담아 불에 올린다.
2. 두부는 사방 1.5cm가 되게 주사위 모양으로 썰어 끓는 물에 데쳐 물기를 뺀다.
3. 마늘과 생강은 다지고 홍고추, 대파도 길이로 반을 잘라 씨와 속을 떼고 채 썰어 잘게 썬다.
4. 고춧가루와 식용유를 1:2의 비율로 섞어 고추기름을 뽑는다.
5. 돼지고기는 핏물과 기름막을 제거하고 곱게 다진다.
6. 팬을 달구어 고추기름을 넣고 대파와 마늘, 생강을 넣고 볶다가 간장, 청주를 넣어 향을 낸 다음 홍고추를 넣고 볶다가 다진 고기를 넣고 뭉치지 않도록 풀어 볶는다.
7. 위의 팬에 육수(또는 물)을 붓고 두반장과 설탕, 후추를 넣어 끓어오르면 물녹말을 넣어 농도를 맞추고 두부를 넣고 부서지지 않도록 끓인다.
8. 마지막으로 참기름을 넣어 고루 섞고 완성그릇에 담는다.

요약

지급재료 확인 → 채소 세척, 다지기 → 두부 성형, 데치기 → 돼지고기 다지기 → 마파두부 소스 만들기 → 버무리기 → 담기

Tip

고춧가루와 식용유의 비율 1:2 정 도의 비율로 하여 끓으면 소청에 걸러서 고추기름을 만든다. 두부 는 으깨지지 않게 조심스럽게 썰어 끓는 물에 데친다. 마파두부는 두 부를 잘 성형하여 으깨지지 않게 볶아내고, 소스의 색과 농도를 맞 추는 데 포인트를 둔다.

두부 손질하기

채소 썰기

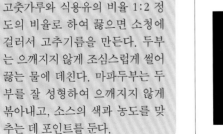

고추기름 만들기

소스에 데친 두부 버무리기

홍쇼두부 紅燒豆腐
Hong shao dou fu 홍샤오도우푸
붉은 홍(紅) 태울 소(燒) 콩 두(豆) 썩을 부(腐)

시험시간
30분

요구사항

※ 주어진 재료를 사용하여 다음과 같이 홍쇼두부를 만드시오.

1 두부는 사방 5cm, 두께 1cm 정도의 삼각형 크기로 써시오.

2 두부는 하나씩 붙지 않게 잘 튀겨 내고 채소는 편으로 써시오.

수험자 유의사항

1 두부가 으깨지지 않게 갈색이 나도록 하여야 한다.

2 녹말가루 농도에 유의하여야 한다.

3 다음과 같은 경우에는 채점대상에서 제외한다.
   – 시험시간 내에 과제 두 가지를 제출하지 못한 경우: 미완성
   – 시험시간 내에 제출된 과제라도 다음과 같은 경우
   • 미완성: 문제의 요구사항대로 작품의 수량이 만들어지지 않은 경우
   • 오작: 해당 과제의 지급재료 이외의 재료를 사용한 경우, 구이를 찜으로 조리하는 등과 같이 조리방법을 다르게 한 경우
   • 실격: 가스레인지 화구 2개 이상 사용한 경우, 시험 중 시설 · 장비(칼, 가스레인지 등) 사용 시 감독위원 및 타 수험자의 시험 진행에 위협이 될 것으로 감독위원 전원이 합의하여 판단한 경우

4 항목별 배점은 위생상태 및 안전관리 5점, 조리기술 30점, 작품의 평가 15점이다.

홍쇼두부는 산동요리의 하나로 두부는 삼각형으로 썰어 노릇하게 튀기고, 돼지고기는 편으로 썰어 양념한 후 기름에 데쳐 간장으로 맛을 낸 소스에 버무린 음식이다. 홍쇼두부는 색과 향이 좋고 부드러운 맛이 특징이다.

지급재료

돼지 등심살(살코기) 50g, 대파(흰 부분 6cm 기준) 1토막, 두부 150g, 건표고버섯(불린 것) 2장, 간 마늘 3쪽, 생강 5g, 죽순(통조림) 30g, 식용유 300mL, 청경채 1포기, 홍고추 1개, 양송이(통조림) 2개, 달걀 1개, 녹말가루(감자전분) 10g, 청주 5mL, 육수(또는 물) 100mL, 참기름 5mL, 진간장 15mL

홍쇼두부 소스 육수(또는 물) 100mL, 참기름 약간, 간장 1T, 청주 1t, 후추 약간

요약

지급재료 확인 → 채소 세척, 다지기 → 두부 성형, 튀기기 → 돼지고기 썰어 데치기 → 홍쇼두부 소스 만들기 → 버무리기 → 담기

 Tip

두부는 으깨지지 않게 조심스럽게 썰어 갈색이 나도록 튀긴다. 채소와 돼지고기는 균일하게 편으로 썬다. 홍쇼두부는 두부를 잘 성형하여 수분을 제거하여 노릇하고 바삭하게 튀겨내고, 채소는 균일하게 썰고, 적당한 농도와 먹음직스러운 윤기가 있도록 하는 데 포인트를 둔다.

만드는 법

1 냄비에 물을 담아 불에 올린다. 표고버섯은 따뜻한 물에 불리고 죽순은 석회질을 제거한다.
2 두부는 가로·세로 5cm, 두께 1cm의 삼각형 모양으로 썰어 소금을 뿌린다.
3 대파는 길이로 반을 잘라 길이 3cm의 편으로 썰고, 마늘과 생강은 편으로 썬다.
4 죽순은 길이 4cm, 폭 1cm로 빗살 모양을 살려 편으로 썰고, 청경채는 길이 4cm, 폭 1cm로 썬다.
5 표고버섯은 기둥을 떼고 길이 4cm, 폭 1cm로 편으로 저며 썰고 양송이버섯도 편으로 썬다.
6 돼지고기는 핏물, 기름과 막을 제거하고, 가로·세로 3cm, 두께 0.2cm로 납작하게 편으로 썰어 청주, 간장, 후추를 넣어 밑간하고 달걀과 녹말을 넣어 버무린다.
7 물이 끓으면 청경채, 죽순, 표고버섯, 양송이버섯을 데친다.
8 물녹말을 만든다.
9 두부는 면보로 수분을 제거한다.
10 튀김냄비의 기름 온도가 오르면 돼지고기를 데치고, 두부를 넣어 노릇하게 튀긴다.
11 팬에 기름을 두르고 대파, 마늘, 생강을 볶다가 간장(15mL)과 청주(5mL)를 넣어 향을 낸 다음 표고버섯, 청경채, 양송이버섯, 죽순을 넣고 빠르게 볶는다.
12 위의 팬에 육수(또는 물) 100mL를 붓고 끓으면 돼지고기, 두부를 넣고 끓이다가 물녹말을 넣어 농도를 맞춘다. 마지막으로 참기름을 넣어 고루 섞은 후 완성그릇에 담아낸다.

두부 손질하기

채소 썰기

두부 튀기기

소스에 두부 넣어 버무리기

채소볶음 素什錦

s jin chao shu chai 스진차오수차이

본디 소(素) 열사람 십(什) 비단 금(錦)

요구사항

※ 주어진 재료를 사용하여 다음과 같이 채소볶음을 만드시오.

1 모든 채소는 길이 4cm 정도의 편으로 써시오.

2 대파, 마늘, 생강을 제외한 모든 채소는 끓는 물에 살짝 데쳐서 사용하시오.

수험자 유의사항

1 팬에 붙거나 타지 않게 볶아야 한다.

2 재료에서 물이 흘러나오지 않게 색을 살려야 한다.

3 다음과 같은 경우에는 채점대상에서 제외한다.

 − 시험시간 내에 과제 두 가지를 제출하지 못한 경우: 미완성

 − 시험시간 내에 제출된 과제라도 다음과 같은 경우

 • 미완성: 문제의 요구사항대로 작품의 수량이 만들어지지 않은 경우

 • 오작: 해당 과제의 지급재료 이외의 재료를 사용한 경우, 구이를 찜으로 조리하는 등과 같이 조리방법을 다르게 한 경우

 • 실격: 가스레인지 화구 2개 이상 사용한 경우, 시험 중 시설·장비(칼, 가스레인지 등) 사용 시 감독위원 및 타 수험자의 시험 진행에 위협이 될 것으로 감독위원 전원이 합의하여 판단한 경우

4 항목별 배점은 위생상태 및 안전관리 5점, 조리기술 30점, 작품의 평가 15점이다.

채소볶음은 갖은 채소(청경채, 청피망, 당근, 셀러리, 죽순, 표고버섯, 양송이)를 균일하게 썰어
끓는 소금물에 살짝 데쳐 센 불에서 빠르게 볶아내는 산동요리로
색이 화려하며 신선하고 아삭아삭한 맛이 특징이다.

지급재료

건표고버섯(불린 것) 2개, 죽순(통조림) 30g, 대파(흰 부분 6cm 기준) 1토막, 청경채 1포기, 양송이(통조림) 2개, 당근(길이로 썰어서) 50g, 셀러리 30g, 청피망(75g 정도 중간 크기) ½개, 생강 5g, 깐 마늘 1쪽, 진간장 5mL, 녹말가루(감자전분) 20g, 참기름 5mL, 육수(또는 물) 50mL, 청주 5mL, 식용유 45mL, 소금(정제염) 5g, 흰 후춧가루 2g

만드는 법

1 따뜻한 물에 표고버섯을 불린다. 죽순은 석회질을 제거하고, 셀러리도 섬유질을 제거한다.
2 냄비에 채소를 데칠 물을 올린다.
3 대파는 길이로 반을 갈라 길이 4cm, 폭 1cm의 편으로 썰고, 마늘, 생강도 편으로 썬다.
4 죽순과 당근, 표고버섯은 길이 4cm, 폭 1cm, 두께 0.2cm의 편으로 썬다. 청경채와 피망은 길이 4cm, 폭 1cm 정도의 편으로 썰고, 셀러리도 같은 크기로 썰고, 양송이는 모양대로 썬다.
5 물이 끓으면 소금을 넣고 깨끗이 손질한 채소를 넣어 살짝 데친다.
6 물녹말을 만들어 놓는다.
7 팬을 달구어 기름을 두르고 대파, 마늘, 생강을 볶다가 진간장, 청주를 넣고 향을 낸 다음 당근, 표고버섯, 청경채, 피망, 셀러리, 양송이, 죽순을 넣고 빠르게 볶는다.
8 위의 팬에 육수(또는 물)를 붓고 소금, 흰 후춧가루로 간을 맞춘 다음 끓어오르면 물녹말을 넣고 농도를 맞춘다.
9 참기름을 넣고 완성그릇에 담는다.

요약

지급재료 확인 → 채소 세척, 편 썰기 → 채소 데치기 → 볶기 → 담기

채소 썰기

채소 데치기

채소 볶기

전분 넣어 버무리기

Tip

채소는 균일하게 편으로 썰어 끓는 소금물에 데쳐 준비한다. 준비한 재료에서 물이 생기지 않도록 전분 농도를 잘 조절한다. 채소볶음은 모든 재료를 일정한 길이와 폭으로 썰고 채소의 색이 유지되게 센 불에서 빠르게 볶고, 적당한 농도와 먹음직스러운 윤기가 있도록 하는 데 포인트를 둔다.

고추잡채 靑椒肉絲

qing jiao rou si 칭지아오로우쓰

푸른 청(靑) 후추 초(椒) 고기 육(肉) 실 사(絲)

🕐 **시험시간**
25분

요구사항

※ 주어진 재료를 사용하여 다음과 같이 고추잡채를 만드시오.

1 주재료 피망과 고기는 5cm 정도의 채로 써시오.

2 고기에 초벌 간을 하시오.

수험자 유의사항

1 팬이 완전히 달구어진 다음 기름을 둘러 범랑처리(코팅)를 하여야 한다.

2 피망의 색깔이 선명하도록 너무 볶지 말아야 한다.

3 다음과 같은 경우에는 채점대상에서 제외한다.

－시험시간 내에 과제 두 가지를 제출하지 못한 경우: 미완성

－시험시간 내에 제출된 과제라도 다음과 같은 경우

• 미완성: 문제의 요구사항대로 작품의 수량이 만들어지지 않은 경우

• 오작: 해당 과제의 지급재료 이외의 재료를 사용한 경우, 구이를 찜으로 조리하는 등과 같이 조리방법을 다르게 한 경우

• 실격: 가스레인지 화구 2개 이상 사용한 경우, 시험 중 시설·장비(칼, 가스레인지 등) 사용 시 감독위원 및 타 수험자의 시험 진행에 위협이 될 것으로 감독위원 전원이 합의하여 판단한 경우

4 항목별 배점은 위생상태 및 안전관리 5점, 조리기술 30점, 작품의 평가 15점이다.

고추잡채는 채로 썰어 양념한 후 데쳐낸 돼지고기와 채친 고추를 볶아 만든 산동요리로
그 맛이 매콤하여 화권(꽃빵)과 함께 먹으면 잘 어울린다.

지급재료

돼지등심(살코기) 100g, 달걀 1개, 청피망
(75g) 1개, 죽순(통조림) 30g, 양파(150g)
½개, 건표고버섯(불린 것) 2개, 참기름
5mL, 식용유 45mL, 녹말가루(감자전분)
15g, 진간장 15mL, 청주 5mL, 소금 5g

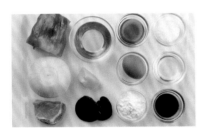

만드는 법

1 냄비에 물을 담아 불에 올린다.
2 표고버섯은 따뜻한 물에 불리고 죽순은 석회질을 제거한다.
3 청피망은 꼭지를 떼고 길이로 반으로 잘라 씨와 하얀 속을 제거하고 길이 5cm, 폭
   0.3cm로 채 썬다.
4 양파, 죽순, 표고버섯은 길이 5cm, 폭 0.3cm로 채 썬다.
5 물이 끓으면 죽순과 표고버섯을 데친다.
6 돼지고기는 길이 6cm, 폭·두께 0.3cm로 채 썰고 간장과 청주을 넣어 밑간을 한
   다음 달걀흰자와 녹말을 넣고 버무린다.
7 팬을 달구어 기름을 넉넉히 두르고 온도가 오르면(약 150℃) 양념한 돼지고기를 넣
   어 서로 달라붙지 않도록 젓가락으로 풀어주면서 튀겨낸다.
8 팬에 기름을 두르고 간장, 청주를 넣어 향을 낸 다음, 표고버섯과 양파, 죽순을 넣
   고 재빨리 볶는다.
9 여기에 데친 돼지고기와 청피망을 넣고 소금과 후춧가루로 간을 맞춘다.
10 마지막으로 참기름을 넣어 고루 섞고 완성그릇에 담는다.

요약

지급재료 확인 → 채소 세척, 채 썰기 → 고기 튀기기 → 볶기 → 담기

Tip

채소는 균일하게 채 썰어 끓는 소
금물(죽순, 표고버섯)에 데쳐 준비
한다. 준비한 재료에서 물이 생기
지 않도록 재빨리 볶는다. 채소볶
음은 모든 재료가 일정한 길이와
폭으로 썰고, 채소의 색이 유지되
게 센 불에서 빠르게 볶고, 적당한
농도와 먹음직스러운 윤기가 있도
록 하는 데 포인트를 둔다.

채소 썰기

고기 썰기

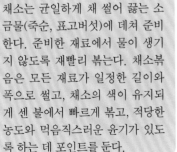

고기 튀기기

고기 넣어 완성하기

부추잡채 炒韭菜
chao jiu cai 차오지우차이
볶을 초(炒) 부추 구(韭) 나물 채(菜)

⏱ 시험시간
20분

요구사항

※ 주어진 재료를 사용하여 다음과 같
이 부추잡채를 만드시오.

1 부추는 길이 6cm로 써시오.

2 고기는 0.3cm×6cm로 써시오.

수험자 유의사항

1 채소의 색이 퇴색되지 않도록 한다.

2 다음과 같은 경우에는 채점대상에서 제외한다.

　－ 시험시간 내에 과제 두 가지를 제출하지 못한 경우: 미완성

　－ 시험시간 내에 제출된 과제라도 다음과 같은 경우

　　• 미완성: 문제의 요구사항대로 작품의 수량이 만들어지지 않은 경우

　　• 오작: 해당 과제의 지급재료 이외의 재료를 사용한 경우, 구이를 찜으로
　　　조리하는 등과 같이 조리방법을 다르게 한 경우

　　• 실격: 가스레인지 화구 2개 이상 사용한 경우, 시험 중 시설·장비(칼,
　　　가스레인지 등) 사용 시 감독위원 및 타 수험자의 시험 진행에 위협이
　　　될 것으로 감독위원 전원이 합의하여 판단한 경우

3 항목별 배점은 위생상태 및 안전관리 5점, 조리기술 30점, 작품의 평가 15점
이다.

부추잡채의 주재료인 부추는 기양초(起陽草)라 하는데『본초강목(本草綱目)』에서는 온신고정(溫腎固精)의 효과가 있다고 하며, 몸을 따뜻하게 하고 간의 기능을 항진(亢進)시키는 효능이 있다. 볶음조리법의 하나인 '초(炒)'는 팬에 소량의 기름을 사용하여 강한 불에 음식재료를 재빨리 볶아 재료를 익히고 조미하여 음식을 완성한다.

지급재료

부추(호부추) 150g, 녹말가루 30g, 참기름 1mL, 돼지등심(살코기) 50g, 청주 15mL, 식용유 30mL, 달걀 1개, 소금 5g

만드는 법

1 부추는 손질하여 씻어서 길이 6cm 정도로 자르고 흰 부분과 파란 부분으로 나누어 놓는다.
2 돼지고기는 결대로 길이 7cm, 폭·두께 0.3cm로 채 썰어 소금과 청주로 밑간을 한 다음 달걀흰자와 녹말을 넣고 버무린다.
3 팬을 달구어 기름을 넉넉히 두르고 온도가 오르면 양념한 돼지고기를 넣어 서로 달라붙지 않도록 젓가락으로 풀어주면서 튀긴다.
4 팬에 기름을 두르고 부추(흰 부분)와 청주를 넣고 볶다가 데친 돼지고기와 남아 있는 부추(파란 부분)를 넣고 소금으로 간을 하여 센 불에서 빠르게 볶는다.
5 마지막으로 참기름을 넣고 완성그릇에 담는다.

요약

지급재료 확인 → 부추 손질하여 썰기 → 돼지고기 썰어서 버무리기 → 돼지고기 데치기 → 재료 볶기 → 담기

Tip

부추잡채는 소금과 청주로만 간을 한다. 부추잡채는 오래 볶으면 부추의 숨이 죽고 물기가 생기므로 재빨리 볶는다. 돼지고기는 결대로 썰어야 부서지지 않는다. 그래서 고기는 결대로 곱게 채 썬다. 돼지고기는 중간 정도의 온도에서 데쳐야 한 덩어리로 뭉치지 않는다. 그러나 너무 낮은 온도에 데치면 녹말이 지저분해지므로 온도에 주의하며, 버무릴 때 녹말은 조금만 넣는다. 부추잡채의 고기는 일정하게 채 썰어 서로 붙지 않도록 잘 데쳐내며 부추의 흰색, 푸른색이 살아 있도록 재빨리 볶아내어 물기가 생기지 않도록 하는 데 포인트를 둔다.

채소 썰기

고기 썰기

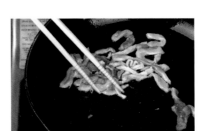

고기 튀기기

부추 파란 부분과 고기 넣어 마무리하기

경장육사 京醬肉絲
Jing Zang Rou Si 징짱로쓰
서울 경(京) 젓갈 장(醬) 고기 육(肉) 실 사(絲)

시험시간
30분

요구사항

※ 주어진 재료를 사용하여 다음과 같이 경장육사를 만드시오.

1 돼지고기는 길이 5cm 정도의 얇은 채로 써시오.

2 춘장은 기름에 볶아서 사용하시오.

3 대파채는 길이 5cm 정도로 어슷하게 채로 썰어 만들고, 매운맛을 빼고 접시 위에 담으시오.

수험자 유의사항

1 돼지고기채는 고기의 결을 따라 썰도록 한다.

2 자장소스는 죽순채, 돼지고기채와 함께 잘 섞어야 한다.

3 다음과 같은 경우에는 채점대상에서 제외한다.

– 시험시간 내에 과제 두 가지를 제출하지 못한 경우: 미완성

– 시험시간 내에 제출된 과제라도 다음과 같은 경우

• 미완성: 문제의 요구사항대로 작품의 수량이 만들어지지 않은 경우

• 오작: 해당 과제의 지급재료 이외의 재료를 사용한 경우, 구이를 찜으로 조리하는 등과 같이 조리방법을 다르게 한 경우

• 실격: 가스레인지 화구 2개 이상 사용한 경우, 시험 중 시설·장비(칼, 가스레인지 등) 사용 시 감독위원 및 타 수험자의 시험 진행에 위협이 될 것으로 감독위원 전원이 합의하여 판단한 경우

4 항목별 배점은 위생상태 및 안전관리 5점, 조리기술 30점, 작품의 평가 15점이다.

경장육사는 볶은 춘장에 돼지고기를 가늘게 썰어 양념하여 화한 다음 볶아 매운맛을 제거한 대파채와 함께
담아내는 요리이다. 파의 매운 향은 음식의 비린내를 없애 주고 식욕을 자극하여 소화를 돕는다.
광동지역이나 강소지역은 실파를 사용하고, 산동지역이나 사천지역은 대파를 주로 사용한다.

지급재료

돼지등심(살코기) 200g, 죽순(통조림) 100g,
대파(흰 부분 6cm 기준) 3토막, 달걀 1
개, 깐 마늘 1쪽, 굴소스 30mL, 식용유
300mL, 진간장 30mL, 춘장 50g, 생강 5g,
백설탕 30g, 청주 30mL, 녹말가루(전분가
루) 50g, 육수(또는 물) 30mL, 참기름 5mL
경장육사 소스 청주 1T, 진간장 1T, 굴소스
2T, 설탕 2T, 볶은 춘장 3T, 참기름 조금

돼지고기를 데칠 때 식용유를 넉
넉히 붓고 밑간한 돼지고기를 데
쳐야 서로 붙지 않고 채친 형태대
로 나온다. 대파는 속대를 제거하
고 5cm 정도로 곱게 채를 썰어 찬
물에 담가 아린맛과 매운맛을 제거
한 후 물기를 제거하고 사용한다.
춘장은 기포가 일정하게 올라올 때
까지 충분히 볶아야 풍미가 좋고
고소하다. 경장육사의 돼지고기는
일정하게 채 썰어 서로 붙지 않도
록 잘 데쳐내며, 대파는 어슷하게
채로 썰어 매운맛을 제거하여 물기
가 생기지 않도록 하고, 춘장은 잘
볶는 데 포인트를 둔다.

만드는 법

1 냄비에 물을 담아 불에 올리고 죽순은 석회질을 제거한다.
2 대파는 속대를 제거하고 5cm 정도로 곱게 채를 썰어 찬물에 담가 아린맛과 매운
   맛을 제거한다.
3 죽순은 편을 썬 다음 0.3cm 두께로 채를 썰어 끓는 물에 데쳐 건진 후 물기를 제
   거한다.
4 대파와 생강, 마늘은 곱게 채를 썬다. 물녹말을 준비한다.
5 돼지등심살은 핏물과 기름막을 제거하고 얇게 저민 후 결로 0.3×5cm 채로 썰어
   진간장, 청주로 밑간을 한 후 녹말가루, 달걀을 넣어 버무린다.
6 팬에 밑간한 돼지고기 등심살을 넣고 중불에서 풀어가면서 튀긴다.
7 팬에 기름을 넉넉히 넣고 춘장을 충분히 볶아서 떫은맛을 제거한다.
8 프라이팬이 뜨거워지면 식용유를 두르고 대파, 마늘, 생강을 넣고 볶아 향을 낸 후
   청주(1큰술), 간장(1큰술)을 넣고 볶은 후 육수(또는 물)를 붓고 굴소스, 설탕, 볶은
   춘장을 넣어 자장소스를 만든다.
9 위의 팬에 죽순, 데친 고기를 넣고 볶은 후 끓으면 물녹말을 넣어 농도를 맞추고
   참기름으로 마무리한다.
10 2의 대파채는 수분을 제거하여 완성접시에 가지런히 담고 자장고기를 소복이 담아
   낸다.

요약

지급재료 확인 → 대파 손질하여 썰기 → 돼지고기 썰어서 버무리기 → 돼지고기
데치기 → 재료 볶기 → 담기

대파 썰기

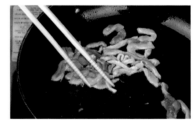

고기 튀기기

춘장 볶기

고기 넣어 마무리하기

물만두 水餃子

shui jiao zi 수이지아오즈
물 수(水) 경단 교(餃) 아들 자(子)

시험시간
35분

요구사항

※ 주어진 재료를 사용하여 다음과 같이 물만두를 만드시오.

1 만두피는 찬물로 반죽하시오.
2 만두피의 크기는 직경 6cm 정도로 하시오.
3 만두는 8개 만드시오.

수험자 유의사항

1 만두속은 알맞게 넣어 피가 찢어지지 않게 한다.
2 만두피는 밀대로 밀어서 만들어야 한다.
3 다음과 같은 경우에는 채점대상에서 제외한다.
   – 시험시간 내에 과제 두 가지를 제출하지 못한 경우: 미완성
   – 시험시간 내에 제출된 과제라도 다음과 같은 경우
      • 미완성: 문제의 요구사항대로 작품의 수량이 만들어지지 않은 경우
      • 오작: 해당 과제의 지급재료 이외의 재료를 사용한 경우, 구이를 찜으로 조리하는 등과 같이 조리방법을 다르게 한 경우
      • 실격: 가스레인지 화구 2개 이상 사용한 경우, 시험 중 시설·장비(칼, 가스레인지 등) 사용 시 감독위원 및 타 수험자의 시험 진행에 위협이 될 것으로 감독위원 전원이 합의하여 판단한 경우
4 항목별 배점은 위생상태 및 안전관리 5점, 조리기술 30점, 작품의 평가 15점이다.

교자(餃子)는 '길하다'는 뜻으로 중국 북방에서 춘절에 먹는 전통음식으로 수교자(水餃子)는 거한교이탕(袪寒嬌耳湯)이라는 약식동원(藥食董源)의 뜻을 내포하고 있다. 중국에서 교자는 우리가 먹는 만두의 개념이고, 중국에서 만두(饅頭)는 속재료가 들어 있지 않고 밀가루로만 되어 있는 것으로 발효시켜 만든다.

지급재료

돼지등심(살코기) 50g, 조선 부추 30g, 대파(흰 부분 6cm 기준) 1토막, 생강 5g, 밀가루(중력분) 150g, 소금 10g, 참기름 5mL, 검은 후춧가루 3g, 청주 5mL, 진간장 10mL

만드는 법

1 볼에 밀가루(100g), 찬물(30mL), 소금 약간을 넣고 만두피 반죽을 한 뒤 비닐에 싸서 둔다.
2 대파와 생강은 곱게 다지고 부추는 다듬어 씻고 폭 0.3cm 정도로 송송 썬다.
3 돼지고기는 핏물을 닦고 곱게 다진다.
4 돼지고기에 대파, 생강, 청주, 소금, 후추, 참기름, 나무젓가락으로 끈기가 생길 때까지 돌리면서 섞은 다음 부추를 넣고 고루 섞어 만두소를 만든다.
5 만두피 반죽은 가래떡처럼 길게 만들어 일정 크기로 썬 다음 다시 동글납작하게 펴서 밀대로 밀어 직경 6cm, 두께 0.1cm의 만두피를 만든다.
6 만두피 가운데 만두소를 넣고 반으로 접어 양쪽 엄지손가락을 모아 위로 올리듯이 눌러서 중앙에 소를 넣은 부분이 삼각형이 되도록 빚는다.
7 냄비에 물을 붓고 불에 올려 물이 끓으면 소금과 만두를 넣는다. 물이 끓어오르면 찬물을 붓고 다시 끓어오르면 찬물을 부어 익힌다.
8 만두가 익으면 건져내어 완성접시에 담고 국물을 자작하게 담는다.

요약

지급재료 확인 → 세척하기 → 만두피 숙성하기 → 재료 썰기 → 만두소 만들기 → 만두피 만들기 → 만두 빚기 → 만두 익히기 → 만두 담기

만두피는 찬물로 반죽한 후 탄력이 생기고 쫄깃해지라고 숙성시킨다. 숙성시키는 방법은 비닐에 싸 두거나 젖은 면보로 덮어두도록 한다. 주어진 밀가루의 일부는 덧가루용으로 남겨 둔다. 만두소는 돼지고기 다진 것에 양념하여 저어 준 다음 부추를 넣어야 풋내가 나는 것을 방지할 수 있다. 만두를 빚을 때 소가 너무 많으면 터지기 쉬우므로 주의하면서 형태는 삼각형으로 만든다. 만두 삶기는 만두를 넣은 후 끓어오르면 찬물을 2~3번에 나누어 넣어야 쫄깃거리고 맛있다. 물만두는 만두피 반죽, 만두소 만드는 법, 만두의 모양 잡기, 알맞게 삶아내기에 포인트를 둔다.

속재료 썰기

만두피 만들기 1단계

만두피 만들기 2단계

물만두 빚기

빠스고구마 拔絲地瓜
ba si di gua 빠스디과
뽑을 발(拔) 실 사(絲) 땅 지(地) 참외 과(瓜)

시험시간
25분

요구사항

※ 주어진 재료를 사용하여 다음과 같이 빠스고구마를 만드시오.

1 고구마는 껍질을 벗기고 먼저 길게 4등분을 내고 다시 4cm 정도의 다각형으로 돌려 썰기하시오.

2 튀김이 바삭하게 되도록 하시오.

수험자 유의사항

1 시럽이 타거나 튀긴 고구마가 타지 않도록 한다.

2 조리작품 만드는 순서는 틀리지 않게 하여야 한다.

3 다음과 같은 경우에는 채점대상에서 제외한다.

  − 시험시간 내에 과제 두 가지를 제출하지 못한 경우: 미완성

  − 시험시간 내에 제출된 과제라도 다음과 같은 경우

  • 미완성: 문제의 요구사항대로 작품의 수량이 만들어지지 않은 경우

  • 오작: 해당 과제의 지급재료 이외의 재료를 사용한 경우, 구이를 찜으로 조리하는 등과 같이 조리방법을 다르게 한 경우

  • 실격: 가스레인지 화구 2개 이상 사용한 경우, 시험 중 시설·장비(칼, 가스레인지 등) 사용 시 감독위원 및 타 수험자의 시험 진행에 위험이 될 것으로 감독위원 전원이 합의하여 판단한 경우

4 항목별 배점은 위생상태 및 안전관리 5점, 조리기술 30점, 작품의 평가 15점이다.

빠스고구마는 고구마를 노릇하게 튀겨낸 후 설탕시럽에 재빨리 버무려낸 음식이다. 재료(사과, 바나나, 은행)를 기름에 튀겨 설탕시럽에 버무리고 시럽이 실처럼 늘어지도록 만든 음식을 '발사(拔絲)'라고 하는데 원래는 누에고치에서 길게 실을 뽑는다는 뜻에서 생겨난 말이다.

지급재료

고구마(300g) 1개, 식용유 1000mL, 백설탕 100g
유발 형태의 시럽 설탕 6T, 식용유 1½T

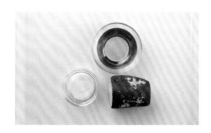

고구마는 설탕시럽에 버무린 후, 식혀서 담는다. 꼭 빠스는 실이 생겨야 하고 하나씩 떼내서 접시에 담아야 한다. 고구마는 다각형으로 잘라 물에 담가 전분질을 제거한 후 물기를 닦아 너무 타지 않게 하고 속까지 익도록 하여 튀긴다. 설탕시럽은 식용유와 설탕을 1:4의 비율로 만든다. 빠스고구마는 고구마를 다각형 형태로 썰어, 적당히 튀기고, 실이 생기도록 시럽을 만드는 데 포인트를 두어야 한다. 빠스를 만드는 방법은 수발(水拔: 프라이팬에 설탕과 물을 넣고 설탕시럽을 만들기), 유발(油拔: 프라이팬에 설탕과 기름을 넣고 설탕시럽을 만들기), 수유발(水油拔: 프라이팬에 설탕과 물, 기름을 넣고 설탕시럽을 만들기) 세 가지로 구분한다.

만드는 법

1 튀김용 기름냄비를 올린다.
2 고구마는 껍질을 벗기고 길로 4등분하여 자르고 다시 4cm 정도의 크기로 다각형으로 썬 다음 설탕을 넣은 찬물에 담가 전분을 제거하고 건져내어 물기를 없앤다.
3 튀김용 기름이 달구어지면(150~160℃) 고구마를 넣고 젓가락으로 저으면서 노릇하게 튀긴다.
4 팬에 식용유(1½T)를 두르고 설탕(6T)을 고루 뿌려 약한 불에서 서서히 녹여 갈색의 설탕시럽을 만든다.
5 설탕시럽에 튀긴 고구마를 넣고 재빨리 버무린 후 찬물을 살짝 뿌린다.
6 접시에 기름을 바르고 고구마를 하나씩 따로 담아 잠깐 식힌다.
7 완성그릇에 담는다.

요약

지급재료 확인 → 기름 끓이기 → 고구마 세척 후 썰어 물에 담기 → 고구마 튀기기 → 설탕시럽 만들기 → 만든 시럽에 튀긴 고구마를 넣고 찬물 끼얹기 → 식히기 → 담기

고구마 썰기

고구마 튀기기

설탕시럽 만들기

만든 시럽에 튀긴 고구마를 넣고 찬물 끼얹기

빠스옥수수 拔絲玉米

ba si yu mi **빠스위미**

뽑을 발(拔) 실 사(絲) 구슬 옥(玉) 쌀 미(米)

요구사항

※ 주어진 재료를 사용하여 다음과 같이 빠스옥수수를 만드시오.

1 완자의 크기는 직경 3cm 정도의 공 모양으로 하시오.

2 설탕시럽이 혼탁하지 않게 갈색이 나도록 하시오.

3 빠스옥수수는 6개 만드시오.

수험자 유의사항

1 팬의 설탕이 타지 않아야 한다.

2 완자 모양이 흐트러지지 않아야 하며 타지 않아야 한다.

3 다음과 같은 경우에는 채점대상에서 제외한다.

 – 시험시간 내에 과제 두 가지를 제출하지 못한 경우: 미완성

 – 시험시간 내에 제출된 과제라도 다음과 같은 경우

  • 미완성: 문제의 요구사항대로 작품의 수량이 만들어지지 않은 경우

  • 오작: 해당 과제의 지급재료 이외의 재료를 사용한 경우, 구이를 찜으로 조리하는 등과 같이 조리방법을 다르게 한 경우

  • 실격: 가스레인지 화구 2개 이상 사용한 경우, 시험 중 시설·장비(칼, 가스레인지 등) 사용 시 감독위원 및 타 수험자의 시험 진행에 위협이 될 것으로 감독위원 전원이 합의하여 판단한 경우

4 항목별 배점은 위생상태 및 안전관리 5점, 조리기술 30점, 작품의 평가 15점이다.

빠스옥수수는 옥수수를 굵게 다지고 밀가루와 달걀노른자를 섞어 반죽한 다음 둥근 완자 모양으로 빚어 기름에 노릇하게 튀겨낸 후 설탕시럽에 재빨리 버무려 낸 음식이다.

지급재료

옥수수(통조림) 120g, 땅콩 7알, 밀가루(중력분) 80g, 달걀 1개, 식용유 500mL, 백설탕 50g

유발 형태의 시럽 설탕 3T, 식용유 $\frac{2}{3}$T

Tip

옥수수는 꼭 짜서 수분을 최대한 제거해야 튀길 때 모양이 좋다. 옥수수 완자는 크기가 일정해야 하며 6개 이상 만들어야 한다. 다진 땅콩은 옥수수 완자를 설탕시럽에 버무릴 때 함께 넣고 버무린다. 시럽은 미리 끓여 두면 굳어 사용하기 어려우므로 버무리기 직전에 만든다. 빠스옥수수는 옥수수를 적당하게 반죽하여 황금색이 나도록 튀기고, 설탕시럽에서 실이 생기도록 만드는 데 포인트를 둔다.

만드는 법

1 튀김용 기름냄비를 올린다.
2 옥수수 통조림은 체에 밭쳐 물기를 제거한 다음 반 정도 굵게 다진다.
3 땅콩은 껍질을 벗기고 입자가 살아 있게 굵게 다진다.
4 그릇에 다진 옥수수와 밀가루, 달걀노른자($\frac{1}{2}$)를 넣고 반죽하여 직경 3cm로 둥글게 옥수수 완자를 만든다.
5 기름이 달구어지면(150~160℃) 옥수수 완자를 넣고 젓가락으로 저으면서 노릇하게 튀긴다.
6 팬에 식용유($\frac{2}{3}$T)를 두르고 설탕(3T)을 고루 뿌려 약한 불에서 서서히 녹여 갈색의 설탕시럽을 만든다.
7 설탕시럽에 튀긴 옥수수 완자와 다진 땅콩을 넣고 재빨리 버무린 후 찬물을 살짝 뿌린다.
8 접시에 기름을 바르고 빠스옥수수를 하나씩 따로 담아 잠깐 식힌다.
9 완성그릇에 하나씩 다시 담는다.

요약

지급재료 확인 → 기름 끓이기 → 옥수수, 땅콩 다지기 → 빠스옥수수 반죽하여 완자 빚기 → 옥수수 완자 튀기기 → 설탕시럽 만들기 → 만든 시럽에 튀긴 옥수수 완자를 넣고 찬물 끼얹기 → 식히기 → 담기

옥수수 다지기

옥수수 완자 만들기

설탕시럽 만들기

만든 시럽에 튀긴 옥수수 완자를 넣고 찬물 끼얹기

유니 짜장면 肉泥炸醬麵

rouni zhájiàng miàn 로니 자지냥미엔

고기 육(肉) 진흙 니(泥) 튀길 작(炸) 된장 장(醬) 밀가루 면(面)

시험시간
30분

요구사항

※ 주어진 재료를 사용하여 다음과 같이 유니 짜장면을 만드시오.

1 춘장은 기름에 볶아서 사용하시오.

2 양파, 호박은 0.5×0.5cm 정도 크기의 네모꼴로 써시오.

3 중화면은 끓는 물에 삶아 찬물에 헹군 후 데쳐 사용하시오.

4 삶은 면에 짜장 소스를 부어 오이채를 올려내시오.

수험자 유의사항

1 면이 붇지 않도록 유의한다.

2 짜장소스의 농도에 유의한다.

3 다음과 같은 경우에는 채점대상에서 제외한다.

 − 시험시간 내에 과제 두 가지를 제출하지 못한 경우: 미완성

 − 시험시간 내에 제출된 과제라도 다음과 같은 경우

 • 미완성: 문제의 요구사항대로 작품의 수량이 만들어지지 않은 경우

 • 오작: 해당 과제의 지급재료 이외의 재료를 사용한 경우, 구이를 찜으로 조리하는 등과 같이 조리방법을 다르게 한 경우

 • 실격: 가스레인지 화구 2개 이상 사용한 경우, 시험 중 시설·장비(칼, 가스레인지 등) 사용 시 감독위원 및 타 수험자의 시험 진행에 위협이 될 것으로 감독위원 전원이 합의하여 판단한 경우

4 항목별 배점은 위생상태 및 안전관리 5점, 조리기술 30점, 작품의 평가 15점이다.

짜장면은 산동 지방에서 만들어진 음식으로 한국의 짜장면과는 차이가 있다.

이유는 산동지역은 천면장(甛麵醬)을 사용하여 짭조름하고 자극적인 맛이며,

한국 짜장면은 춘장을 사용하여 구수하고, 볶아낸 양파의 달콤하고 부드러운 맛을 가지고 있다.

지급재료

돼지 등심(다진 살코기) 50g, 중화면(생면) 150g, 양파(150g) 1개, 오이(가늘고 곧은 것 20cm) ¼개, 춘장 50g, 생강 10g, 진간장 50mL, 청주 50mL, 소금 10g, 백설탕 20g, 참기름 10mL, 녹말가루 50g, 식용유 100mL, 육수(또는 물) 200mL, 호박(애호박) 50g

만드는 법

1 채소와 향신료는 세척하여 생강은 다지고, 양파, 호박은 0.5×0.5cm 크기로 자르고, 오이는 채로 준비한다.
2 돼지고기는 핏물을 제거하여 다시 한 번 다진다.
3 팬에 춘장과 동량의 기름을 넣고 150℃ 되면 생춘장을 넣고 고소한 향이 날 때까지 볶는다.
4 팬에 물을 붓고 끓으면 중화면을 넣고 삶는다(삶는 중간 중간에 찬물을 넣어 주면 국수의 탄력이 좋아진다).
5 팬에 식용유를 두르고 생강으로 향을 낸 후 돼지고기를 볶다가 간장, 청주로 맛을 낸 후 양파, 호박을 볶다가 육수를 넣고 볶은 춘장, 설탕을 넣고 완성한 후 물전분으로 농도를 잡고 참기름으로 마무리한다.
6 그릇에 물기를 제거한 면을 담고 유니 짜장 소스를 보기 좋게 올리고 오이채를 가지런히 담아낸다.

요약

지급재료 확인 → 물 올리기 → 채소·향신료 세척 후 썰어 준비하기 → 춘장 볶기 → 면 삶기 → 유니 짜장 소스 만들기 → 삶은 면에 유니 짜장 소스 담기 → 오이채 올리기

Tip

유니 짜장의 채소는 균일한 크기(0.5×0.5cm)로 썰어야 한다. 잘 볶아진 춘장은 팬 전체에 기포가 올라온다. 찰기 있는 면을 얻기 위해서는 끓는 물에 삶고 중간에 3회 정도 찬물을 부어주면 쫄깃한 면을 얻을 수 있다. 유니 짜장면은 채소를 균일하게 썰기, 춘장 볶기, 면 삶기, 오이채 썰기, 윤기 나는 유니 짜장 소스 만들기에 포인트를 준다.

채소 썰기

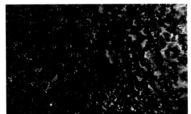

춘장 볶기

유니 짜장 소스 만들기

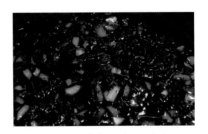

유니 짜장 소스 전분으로 농도 잡기

울면 溫滷麵

wēn lǔ miàn 웬로미엔

따뜻할 온(溫) 소금밭 로(滷) 밀가루 면(面)

요구사항

※ 주어진 재료를 사용하여 다음과 같
  이 울면을 만드시오.

1 오징어, 돼지고기, 대파, 양파, 당
  근, 배춧잎은 6cm 정도 길이로 채
  를 써시오.

2 중화면은 끓는 물에 삶아 찬물에
  헹군 후 데쳐 사용하시오.

3 소스는 농도를 잘 맞춘 다음, 달걀
  을 풀 때 덩어리지지 않게 하시오.

수험자 유의사항

1 소스 농도에 유의한다.

2 건목이버섯은 불려서 사용한다.

3 다음과 같은 경우에는 채점대상에서 제외한다.

  – 시험시간 내에 과제 두 가지를 제출하지 못한 경우: 미완성

  – 시험시간 내에 제출된 과제라도 다음과 같은 경우

    • 미완성: 문제의 요구사항대로 작품의 수량이 만들어지지 않은 경우

    • 오작: 해당 과제의 지급재료 이외의 재료를 사용한 경우, 구이를 찜으로
      조리하는 등과 같이 조리방법을 다르게 한 경우

    • 실격: 가스레인지 화구 2개 이상 사용한 경우, 시험 중 시설·장비(칼,
      가스레인지 등) 사용 시 감독위원 및 타 수험자의 시험 진행에 위협이
      될 것으로 감독위원 전원이 합의하여 판단한 경우

4 항목별 배점은 위생상태 및 안전관리 5점, 조리기술 30점, 작품의 평가 15점
  이다.

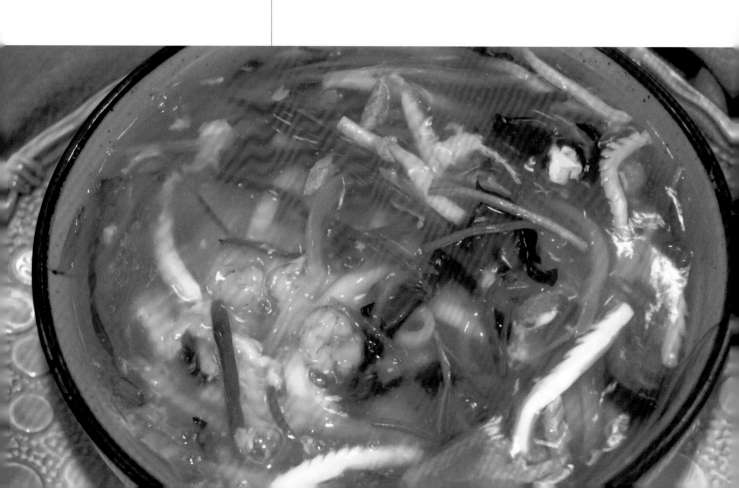

울면은 중국 면 요리인 원루미앤(溫滷麵)에 기원을 둔 음식으로 면에 버섯, 청경채, 죽순 등의 채소와 해삼, 새우, 오징어 등의 해산물, 달걀 등을 부재료로 쓰고 물녹말로 걸쭉하게 만든 국물에 말아 먹는 한국화된 중화요리이다. 간을 소금으로 하는 백색의 울면과 간장으로 색을 낸 검은색 울면이 있다.

지급재료

중화면 150g, 오징어(몸통) 50g, 작은 새우살 20g, 돼지고기(길이 6cm) 30g, 조선 부추 10g, 대파(흰 부분 6cm 정도) 1토막, 깐 마늘 3쪽, 당근(길이 6cm 정도) 20g, 배춧잎 20g, 건목이버섯 1개, 양파(150g) ⅛개, 달걀 1개, 진간장 5mL, 청주 30mL, 참기름 5mL, 소금 5g, 녹말가루 20g, 흰 후춧가루 3g, 육수(또는 물) 500mL

만드는 법

1 해산물, 채소, 향신료는 깨끗이 세척한다.
2 목이버섯은 온수에 불린다.
3 마늘은 채 썰고, 대파, 당근, 배추, 양파, 목이버섯, 부추는 6cm 길이의 채로 자른다.
4 오징어는 껍질을 제거한 후 6cm 길이의 채로, 돼지고기도 6cm 길이의 채로 자른다.
5 새우는 내장을 제거하고, 달걀을 체에 한번 내려 준비한다.
6 팬에 물을 붓고 끓으면 중화면을 넣고 삶는다(삶는 중간 중간에 찬물을 넣어 주면 국수의 탄력이 좋아진다).
7 팬에 육수를 붓고 청주, 간장, 생강, 대파를 넣고 끓으면 당근, 배추, 양파, 목이버섯, 해물, 고기를 넣고 소금, 흰 후춧가루로 간을 맞추고 물녹말로 농도를 잡은 후 부추를 넣고 달걀물을 두르고 참기름으로 마무리한다.
8 그릇에 물기를 제거한 면을 담고 그 위에 울면 소스를 보기 좋게 담아낸다.

요약

지급재료 확인 → 물 올리기 → 해물, 채소, 향신료 세척 후 썰어 준비하기 → 면 삶기 → 울면 소스 만들기 → 삶은 면에 울면 소스 담기

채소 썰기

돼지고기 썰기

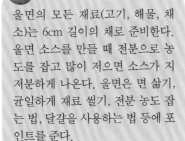

오징어 썰기

울면 소스 전분으로 농도 잡기

Tip

울면의 모든 재료(고기, 해물, 채소)는 6cm 길이의 채로 준비한다. 울면 소스를 만들 때 전분으로 농도를 잡고 많이 저으면 소스가 지저분하게 나온다. 울면은 면 삶기, 균일하게 재료 썰기, 전분 농도 잡는 법, 달걀을 사용하는 법 등에 포인트를 준다.

Part 3

호텔식
중국요리

냉채류

오향우장육
五香醬牛肉 우샹지앙리니유로유

재료

아롱사태 600g, 간장 300mL, 오이 2개, 설탕 20mL, 대파 100g, 무순이 30g, 생강 30g, 고추기름 50mL, 오향대료(팔각) 5쪽, 청주 100mL, 생수 2000mL

만드는 법

1 아롱사태는 약 200g 크기로 절단하여 찬물에 담가서 피물을 제거한 후 끓는 물에 삶아낸 후(15분 정도) 다시 한 번 찬물에 담가 놓는다(1시간 정도).

2 대파와 생강을 덩어리 크기로 썰어 살짝 칼등으로 쳐 놓는다.

3 생수에 대파, 생강, 오향대료, 청주, 간장, 설탕을 넣어 끓으면 1의 아롱사태 물기를 제거하고 넣는다. 오향장육 육수(간장소스)가 한 번 끓어오르면 뭉근한 불에서 2시간 정도 졸인다.

4 3의 장육을 모양을 잡아서 식힌 후 편으로 자른다.

5 오이는 깨끗이 손질하여 편으로 자른 후 그릇에 보기 좋게 담는다.

6 대파는 마름모꼴 형태로 자른다.

7 무순이는 흐르는 물에 깨끗이 손질하여 수분을 제거한다.

8 접시에 오이 편을 담아내고 그 위에 장육을 담아내고 무순이와 대파로 장식한다(취향에 따라 소스로 고추기름을 뿌려서 사용하기도 한다).

Tip

조리된 장육이 뜨거울 때 둥글게 김밥 말듯이 돌돌 말아서 식혔다가 썰면 모양은 예쁘게 나온다. 모양보다 맛을 원한다면 장육을 삶은 소스에 담가서 보관한다.
랩에 말았을 경우 조금 퍽퍽한 느낌이 들지만 소스에 담가서 보관하면 촉촉한 느낌이다.

냉반삼선

冷拌三鮮 량빠산샌

재료

불린 해삼 70g, 전복 2마리, 중하(중간 크기 새우) 6마리, 오이 1개, 양상추 6장
냉반삼선소스 발효겨자 30mL, 소금 5g, 식초 20mL, 설탕 30g, 참기름 2mL

만드는 법

1 중하는 껍질을 제거하여 내장을 제거하고 깨끗이 손질하여 끓는 물에 데쳐낸 후 먹기 좋은 크기로 편을 썬다.

2 전복은 내장을 제거하고 깨끗이 손질하여 끓는 물에 데쳐낸 후 먹기 좋은 크기로 편을 썬다.

3 불린 해삼은 소금으로 깨끗이 손질하여 끓는 물에 데쳐낸 후 먹기 좋은 크기로 편을 썬다.

4 냉반삼선소스를 분량대로 혼합하여 만들어 놓는다.

5 오이는 소금으로 깨끗이 씻어 해물과 같은 크기로 썬다.

6 그릇에 해물 세 종류, 오이, 겨자소스를 섞은 후 접시에 보기 좋게 담는다.

Tip

냉채로 먹는 해삼일 경우는 식촛물로 한 번 문질러 주면 해삼의 특유한 냄새인 비릿한 냄새가 없어질 뿐 아니라 쫄깃한 식감을 살릴 수 있다. 겨자소스에 버무린 해산물을 양상추에 싸서 먹으면 일품이다.

전복냉채
鮑魚冷菜 빠오위렁차이

재료

전복 6마리, 오이 1개, 고추기름 15mL, 간장 5mL, 설탕 10g, 식초 10mL

전복소스(케첩소스) 토마토케첩 15g, 고추기름 10mL, 설탕 15g, 두반장 15g, 식초 10mL

만드는 법

1   전복은 내장을 제거하고 깨끗이 손질하여 끓는 물에 데쳐낸 후 먹기 좋은 크기로 편을 썬다.

2   오이는 소금으로 깨끗이 씻어 전복과 같은 크기로 썰어 고추기름, 간장, 설탕, 식초를 넣어 양념한다.

3   전복냉채 소스를 분량대로 혼합하여 만들어 놓는다.

4   접시에 양념한 오이를 담고 그 위에 전복을 소복이 담고 소스는 반씩 먹기 좋게 담아낸다.

Tip

살아 있는 전복을 가지고 요리를 하고 싶다면 잘 손질하여야 한다. 왜냐하면 잘못 손질하면 굉장히 질겨지기 때문이다. 김이 오른 찜통에 전복을 넣고 7분간 쪄낸 후 찬물로 식혀서 사용하면 아주 부드럽게 먹을 수 있다.

새우냉채
虾冷菜 시아렁차이

재료

새우(대하) 10마리, 오이 1개, 고추기름 15mL, 간장 5mL, 설탕 10g, 식초 10mL, 생강 15g, 정종 15mL, 대파 50g
새우소스(겨자소스) 발효겨자 30mL, 식초 20mL, 설탕 30g, 참기름 2mL

만드는 법

1 새우는 내장을 제거하고 깨끗이 손질하여 접시에 담아 생강, 정종을 넣어 찜통에 5분 정도 찐 후 식혀서 먹기 좋은 크기로 편을 썬다.

2 오이는 소금으로 깨끗이 씻어 새우와 같은 크기로 썰어 고추기름, 간장, 설탕, 식초를 넣어 양념한다.

3 새우냉채소스를 분량대로 혼합하여 만들어 놓는다.

4 접시에 양념한 오이를 담고 그 위에 새우를 모양 있게 담고 소스는 먹기 좋게 담아낸다.

5 대파는 깨끗이 손질하여 채로 썬 후 찬물에 담가 매운맛을 제거하고 새우냉채 위에 담아낸다.

Tip

찜통에서 새우를 쪄내는 방법 말고도 끓는 물에 대파와 생강을 우려내고, 우려낸 물에 소금간을 한 후 팔팔 끓으면 새우를 넣고 새우등이 완전 휘어지면 건져서 찬물에 담가 껍질을 제거하는 방법이 있다. 껍질째 삶아야 새우색이 빨갛게 되어 예쁘다.

산라탕
酸辣湯 쑤안라탕

재료

죽순 15g, 청탕(닭육수) 150mL, 표고버섯 15g, 전분 15g, 새우살 15g, 청주15mL, 고추기름 10mL, 식초 10mL, 대파 10g, 설탕 10g, 팽이버섯 15g, 소금 10g, 두부 15g, 참기름 5mL, 돼지고기 10g

만드는 법

1 모든 재료를 깨끗이 손질하여 3~4cm 길이의 채로 썬 후 끓는 물에 데쳐 놓는다.

2 팬에 대파, 청주를 넣어 향을 낸 후 육수를 붓고 식초, 후추, 소금, 설탕을 넣어 맛을 맞추고 1의 재료를 넣고 전분으로 농도를 맞춘 후 참기름으로 마무리한다.

Tip

산라탕이란 시고 매운 수프로, 이 맛을 내기 위해서 식초나 후춧가루를 이용했다. 최근에는 고추기름, 두반장, 타바스코, 핫소스를 첨가하며 이때 매운맛이 더해져 맛있는 산라탕이 된다.

달걀흰자 게살 샥스핀 수프
蛋白蟹肉鱼翅湯 단바이시에로우위즈탕

재료

게살 50g, 노두유(색깔간장) 2mL, 샥스핀 (상어지느러미) 30g, 전분(녹말가루) 15g, 달걀 1개, 파기름 10mL, 소홍주 15mL, 간 장 5mL, 청탕(닭 육 수) 120mL, 참 기 름 2mL, 대파 10g, 생강 10g

만드는 법

1 샥스핀은 손질하여 접시에 담아 대파, 생강, 소홍주를 넣고 찜통에 30분 정도 찐다.
2 게살은 뼈를 제거하고 먹기 좋은 크기로 손질하여 끓는 물에 살짝 데친다.
3 달걀에서 흰자만 분리하여 체에 한 번 내려 준비한다.
4 대파는 곱게 다지고, 생강은 다져 생강물을 준비한다.
5 팬에 파기름을 두르고 다진 대파, 간장, 소홍주를 넣어 향을 낸 다음 육수를 붓고 생강물, 게살, 샥스핀을 넣고 끓인 후 노두유로 색깔을 맞춘 다음 물전분으로 농도를 맞추고 달걀흰자를 넣어 저어주고 참기름으로 마무리한다.

Tip

1. 게살은 지방이 적고 몸에 꼭 필요한 필수아미노산이 풍부하게 들어 있어 성장기 어린이에게 좋고, 체내흡수율이 좋아서 회복기 환자나 허약체질에게 좋은 식품이다.
2. 이 요리에서 달걀흰자를 사용할 때는 거품을 내어 끼얹는 방법도 있고 탕에 직접 달걀흰자를 넣기도 한다.

옥수수 게살 단호박 수프

玉米蟹肉南瓜湯 위미시에러우난과탕

재료

옥수수알(통조림) 100g, 소금 2g, 게살 30g, 설탕 5g, 청탕(닭육수) 200mL, 참기름 5mL, 단호박 50g, 파기름 5mL, 전분(녹말가루) 20g, 청주 15mL

만드는 법

1 옥수수알은 물기를 제거하여 곱게 다진다.

2 게살은 뼈를 제거하고 먹기 좋은 크기로 손질하여 끓는 물에 살짝 데친다.

3 단호박은 다져서 찜통에 찐 다음 곱게 갈아 놓는다.

4 팬에 파기름을 두르고 청주로 향을 낸 다음 육수를 붓는다.

5 준비한 게살, 옥수수알, 단호박, 소금, 설탕을 넣고 물전분으로 농도를 맞춘 다음 참기름으로 마무리한다.

Tip

1. 옥수수는 지방함량이 적고 식이섬유가 많아 변비에 좋은 다이어트 음식으로 많이 이용되나 비타민, 무기질, 필수아미노산이 부족하다.

2. 조리법에 따라 옥수수가 많아 보이게 하기 위해 계란노른자를 풀기도 하며, 설탕을 넉넉히 넣어서 단호박죽처럼 달게 조리하는 방법도 있다.

비취 수프
翡翠湯 페이취웨이탕

재료

시금치 150g, 청탕(닭육수) 200mL, 소금 5g, 참기름 2mL, 전분(녹말가루) 15g, 후추 2g

만드는 법

1 시금치잎만 모아서 깨끗하게 손질하여 소금을 넣은 끓는 물에 살짝 데쳐 찬물에 재빨리 식힌다.

2 식힌 시금치를 곱게 다진다.

3 팬에 육수를 붓고 소금, 후추로 간을 맞춘 다음 곱게 다진 시금치를 넣고 물전분으로 농도를 맞춘 다음 참기름으로 마무리한다.

1. 시금치는 섬유소를 많이 함유하고 있어 변비에 좋고, 열량이 낮아 다이어트 식품으로 알맞으며, 또한 엽산과 철이 풍부하여 빈혈 예방에 좋다.

2. 현장에서 많이 사용하지 않는 조리법이지만, 조리기능장 시험에 자주 출제된다.

3. 조리법에 따라 시금치를 다져서 게살 수프처럼 달걀흰자를 거품 내어 섞은 후 기름에 한 번 튀겨서 수프 위에 떠워 주는 경우도 있다.

강소식 통샥스핀찜
紅燒大排翅 홍샤오따파이츠

재료

통샥스핀 100g, 간장 15lmL, 대파 30g, 파기름 15mL, 생강 10g, 굴기름 15mL, 소홍주 30mL, 청탕(닭육수) 200mL, 콩나물 50g, 노두유(색깔간장) 3mL, 참기름 2mL, 청경채 1포기

만드는 법

1   대파와 생강은 편으로 자른다.

2   통샥스핀는 찬물에 불려 속에 있는 뼛조각을 제거하고 깨끗이 손질하여 접시에 담아 대파, 생강, 소홍주를 넣어 찜통에 부드러워질 때까지 찐다(30분 정도).

3   콩나물은 대가리(자엽)와, 꼬리(배축, 뿌리)를 제거하여 소금 넣은 끓는 물에 데쳐낸다.

4   팬에 파기름을 두르고 소홍주, 간장을 넣어 향을 낸 후 육수를 붓고, 노두유로 색깔을 맞춘 다음 물녹말로 농도를 맞추고 참기름으로 마무리한다.

5   청경채를 데쳐서 접시에 담는다.

6   접시에 데친 콩나물을 담고 그 위에 쪄낸 샥스핀을 소복이 담아내고 소스를 위에 끼얹는다.

Tip

1. 중식요리에서 상어지느러미는 단백질이 풍부하여 뼈의 노화를 방지하고 피부를 곱게 하며 생명을 연장시키는 효능이 있다고 알려져 있다. 하지만 최근의 연구자료들에 의하면 샥스핀이 함유하고 있는 단백질은 트립토판(tryptophan)과 시스테인(cysteine)이 결핍되어 있는 불완전 단백질이기 때문에 영양학적 가치는 낮다고 한다.

2. 샥스핀요리에서 사용하는 채소는 샥스핀 밑에 깔아주는 받침 역할을 하기 때문에 숙주나물, 청경채, 버섯을 사용하기도 한다. 또한 경우에 따라서는 소스를 맵게 하여 고추기름을 넣는 사천식소스를 사용하기도 한다.

동파육
東坡肉 동포로우

재료

돼지고기 삼겹살 500g, 소홍주 50mL, 대파 30g, 설탕 15g, 생강 10g, 노두유(색깔간장) 5mL, 팔각 1개, 청경채 1개, 육수 2,000mL, 청주 100mL, 간장 100mL

만드는 법

1 대파와 생강은 깨끗이 손질하여 편으로 썰고, 청경채는 먹기 좋은 크기로 자른다.

2 물에 대파, 생강, 청주를 넣고 끓으면 삼겹살을 삶아낸다(10분 정도).

3 설탕은 빠스를 하여 준비한다.

4 팬에 육수, 대파, 생강, 소홍주, 설탕빠스, 팔각, 간장, 노두유를 넣고 끓으면 삶은 삼겹살을 넣고 은근한 불에서 4시간 정도 푹 곤다(이때 팬의 뚜껑을 ⅔쯤 닫아두면 향과 맛이 좋아진다).

5 끓는 물에 소금, 기름을 넣고 청경채를 데쳐 기름에 살짝 볶는다.

6 시간이 지나면(4시간 정도) 찜통에서 삼겹살을 꺼내 접시에 담고, 육수는 간을 맞춘 다음 소스로 준비한다.

7 접시에 쪄낸 삼겹살을 담고 그 위에 소스를 붓고 청경채를 보기 좋게 담아낸다.

1. 삶아 놓은 삼겹살에 노두유나 춘장을 발라서 기름에 튀겨낸 후 찜통에 쪄서 사용하는 경우도 많다. 요즘은 노두유나 춘장 대신 물엿만 발라서 사용하는데 물엿만 바르게 되면 색깔이 은은하게 나와 굉장히 예쁘다.

2. 기름에 튀길 때에는 기름이 심하게 튀기 때문에 삼겹살 부위 중 껍질이 없는 것을 사용하는 것이 안전하다. 하지만 맛을 생각할 때는 반드시 삼겹살 부위에 껍질이 있는 것을 사용한다.

닭고기 레몬소스

檸檬炸鷄 넝멍작지

재료

닭고기 200g, 생수 200mL, 청고추 ½ 개, 레몬 ¼개, 설탕 80g, 죽순 30g, 달걀 1개, 레몬주스 30mL, 표고버섯 30g, 식용 유 500mL, 청주 10mL, 소금 5g, 녹말가루 100g, 카스터드파우더 15g, 간장 10mL, 튀 김가루 30g, 홍고추 ½개

레몬소스 생수 200mL, 레몬주스 30mL, 설탕 80g, 카스터드파우더 15g, 레몬 ¼개

만드는 법

1 뼈를 발라낸 닭다리살을 도마 위에 놓고 칼등으로 두드려 납작하게 만든 다음 간장, 후추, 청주로 밑간을 한다.

2 채소는 깨끗이 손질하여 먹기 좋은 크기로 자른 후 끓는 물에 데친다.

3 접시에 달걀을 풀어 닭고기를 넣어 무치고, 다른 접시에 녹말가루, 튀김가루를 준비하여 달걀 묻힌 닭고기에 골고루 묻힌 후 두 번 튀긴다.

4 팬에 생수, 설탕, 레몬주스, 소금, 카스터드파우더, 레몬, 데친 채소를 넣고 소스 가 끓어오르면 물녹말을 풀어 농도를 맞춘다.

5 튀긴 닭고기를 먹기 좋은 크기로 썰어서 접시에 담고 그 위에 레몬소스를 얹는다.

Tip

1. 우수한 품질의 레몬은 향이 좋으며, 광택이 있고, 단단하면서 무게가 있는 것이 좋다. 레몬은 비타민 C의 함량이 높아 겨울철 감기예방에 좋고, 피부 트러블에도 효과가 좋다. 또한 레몬의 구연산은 피로회복에 좋다.

2. 레몬소스를 끓일 때에는 불조절을 약하게 해야 소스가 타지 않고 색깔 이 예쁘게 나오며, 레몬을 너무 많이 사용하면 소스에서 쓴맛이 강하게 난다.

유림기
油淋鷄 야우람지

재료

닭고기 200g, 간장 10mL, 마늘 2개, 양상추 6장, 튀김가루 100g, 참기름 2mL, 청주 10mL, 감자전분 100g, 레몬 ⅓쪽, 간장 10mL, 식용유 800mL, 생강 30g, 후춧가루 2g, 대파 30g, 마른 홍고추, 달걀 1개, 청고추 ½개

유림기소스 생수 30mL, 간장 15mL, 식초 15mL, 설탕 15g, 후추 5g, 레몬 ⅓쪽

만드는 법

1 양상추는 손으로 찢어서 물로 깨끗이 세척하여 수분을 제거하고 완성접시에 깔아 놓는다.

2 닭고기의 뼈를 제거하고 닭고기를 칼등을 쳐서 납작하게 만들어 청주 ½작은술, 간장 ½작은술, 후춧가루 약간을 넣고 밑간한다.

3 밑간한 닭고기에 달걀 1개를 풀어 담근 후, 전분가루, 튀김가루를 골고루 묻히고, 160도 기름에 한 번 튀긴 후 기름의 온도를 높여 다시 한 번 튀긴다.

4 마른 홍고추, 대파, 청고추, 홍고추는 작은 크기(쇼띵)로 자르고, 생강, 마늘은 다진다.

5 다진 마늘, 생강, 마른 홍고추, 대파, 청고추, 홍고추에 유림기소스 재료를 같이 섞어 한 번 끓인 후 냉각시킨다.

6 튀긴 고기를 사방 3cm 형태로 썰어 양상추가 담긴 접시에 담고 그 위 유림기소스를 담아낸다.

Tip

1. 양상추는 손질하여 얼음물에 담가 두었다 먹기 직전에 수분을 제거하고 접시에 담는 것이 훨씬 더 아삭한 맛을 즐길 수 있다.

2. 조리법에 따라 파채를 올리고 먹기 직전에 뜨거운 파기름을 파채에 뿌리면 음식의 향이 더해져 고급스러운 중국요리가 된다.

마늘소스를 가미한 쇠고기말이

埼蒜牛肉 쮀엔쑤안니유로유

재료

쇠고기등심 200g, 대파 20g, 고추기름 15mL, 팽이버섯 50g, 마늘 4개, 후춧가루 5g, 숙주나물 50g, 생강 5g, 달걀 1개, 죽순 30g, 청주 15mL, 식용유 1000mL, 표고버섯 30g, 굴소스 20mL, 청탕(닭육수) 100mL, 홍고추 ½개, 설탕 10g, 청경채 3쪽

마늘소스 고추기름 15mL, 굴소스 20mL, 후춧가루 3g, 설탕 10g

만드는 법

1 쇠고기는 넓은 편으로 자른 후 청주, 간장으로 밑간을 하고, 숙주나물, 팽이버섯은 고기와 같은 크기로 자른다. 청경채는 세 등분한다.

2 손질한 숙주나물, 청경채는 끓는 물에 살짝 데치고, 죽순, 표고버섯, 홍고추는 조(스틱 모양) 크기로 자른 후 끓는 물에 데친다.

3 대파, 생강은 편으로 썰고, 마늘은 따로 다각형 형태로 자른 후 기름에 갈색이 나도록 튀긴다.

4 밑간한 쇠고기 편에 팽이버섯, 숙주나물을 놓고 말아 달걀흰자, 전분으로 옷을 입혀 기름에 튀긴다.

5 팬에 고추기름을 두르고 대파, 생강을 넣고 향을 낸 다음 청주, 굴기름을 넣어 맛을 낸 후 데친 채소와 튀긴 마늘을 넣고 살짝 볶은 후에 육수, 설탕, 후춧가루를 넣는다.

6 튀긴 쇠고기말이를 넣고 약한 불에 졸인 후 전분으로 농도를 맞추고 참기름으로 마무리한다.

7 팬에 기름을 두르고 데친 청경채를 넣고 소금으로 간을 한다.

8 접시에 쇠고기말이를 담고 그 위에 소스를 보기 좋게 뿌리고 볶은 청경채를 담아낸다

Tip

1. 우수한 마늘은 겉껍질이 단단하고 무게감이 있으며 밝은 빛을 띠는 것이 좋다. 특히 마늘을 육류에 사용하면 지질과 결합하여 과산화방지 작용을 한다.

2. 계절에 따라 쇠고기 속에 숙주나물이나 팽이버섯 말고도 겨울철 제철인 생굴을 넣어 말아도 훌륭한 요리가 된다.

송이우육
松栮牛肉 송롱니유로유

재료

자연송이 100g, 소금 5g, 참기름 5mL, 쇠고기 200g, 검은콩소스(두지장) 15g, 간장 5mL, 청경채 3쪽, 청탕(닭육수) 120mL, 후춧가루 3g, 죽순 40g, 정종 15mL, 달걀 1개, 대파 10g, 파기름 15mL, 생강 5g, 전분(녹말가루) 30g

만드는 법

1 쇠고기는 깨끗이 손질하여 편으로 자른 후 정종, 간장, 후춧가루, 달걀, 전분으로 밑간을 하여 기름에 튀긴다.

2 깨끗이 손질한 죽순, 청경채는 편으로 자른 후 끓는 물에 데친다.

3 자연송이는 깨끗이 손질하여 5cm 길이로 길게 자르고 난 후 끓는 물에 데친다.

4 대파는 편으로 자르고 생강은 곱게 다져서 육즙만 사용한다.

5 팬에 파기름을 두르고 대파와 생강육즙을 볶아 향이 올라오면 청주, 간장으로 맛을 내고 두지장, 데친 자연송이, 청경채, 죽순, 쇠고기를 넣고 볶는다.

6 팬에 육수를 붓고 끓으면 물녹말로 농도를 맞춘 후 참기름으로 마무리한다.

1. 송이버섯은 갓이 단단하며 두껍고, 향이 진하고 자루 길이가 짧으며, 갓 둘레가 자루보다 약간 굵고 은백이 선명한 것이 좋다. 식품학적 효능은 식이섬유가 풍부하고 저칼로리, 저지방 식품으로 성인병 예방에 효과적이다.

2. 중국요리에서 사용하는 쇠고기는 보통 안심이나 등심을 용도에 맞게 손질하여 사용한다.

3. 이 요리는 쇠고기의 편에 송이버섯을 싸서 먹는 요리로 송이버섯의 독특한 향기와 맛이 쇠고기와 잘 어울린다.

궁보계정
宮保鷄丁 꿍바오지딩

재료

닭고기 200g , 홍피망 ⅓개, 참기름 5mL, 요과(캐쉬넛, 인도땅콩) 50g, 청피망 ⅓개, 간장 5mL, 마른 홍고추 1개, 청탕(닭육수) 120mL, 후춧가루 3g, 죽순 40g, 정종 15mL, 달걀 1개, 대파 10g, 고추기름 15mL, 굴기름 15mL, 생강 5g, 전분(녹말가루) 30g, 마늘 1개, 식용유 800mL

만드는 법

1 닭고기는 중땅(사방 2cm 크기, 다이스 형태)으로 썰어 달걀, 정종, 간장, 후춧가루, 전분으로 밑간을 하여 140℃ 정도의 기름에 튀긴다.

2 대파, 마늘, 생강은 깨끗이 손질하여 편으로 자른다.

3 죽순, 청피망, 홍피망, 마른 홍고추는 닭고기와 같은 크기로 자른 후 끓는 물에 데친다.

4 요과는 기름에 살짝 튀긴다.

5 팬에 고추기름을 두르고 마른 고추, 대파, 생강, 마늘을 볶아 매콤한 향을 낸 후 굴기름, 청주, 간장으로 맛을 내고, 데친 죽순, 청피망, 홍피망, 닭고기, 요과를 볶는다. 그 후 육수, 설탕, 후춧가루를 넣고 끓으면 전분으로 농도를 맞추고 참기름으로 마무리한다.

Tip
1. 신선한 닭은 껍질이 오돌토돌하며 거칠게 돋아 있으면서, 고기의 색은 연한 분홍빛을 띠고, 육질은 탄력이 있다.
2. 궁보계정은 닭과 요과(땅콩)와 같이 먹어야 제맛이다.

닭고기 검은콩소스

豆豉鷄炒油菜 도우츠지차오요우차이

재료

닭고기 200g , 소금 10g, 청경채 1쪽, 청주 15mL, 표고버섯 2장, 후춧가루 5g, 새송이버섯 1개, 파기름 15mL, 대파 30g, 두지소스(발효검은콩소스) 30g, 마늘 1개, 참기름 5mL, 청탕(닭육수) 100mL, 달걀 1개, 전분(녹말가루) 50g

만드는 법

1 닭고기는 중띵(사방 2cm 크기, 다이스 형태)으로 썰어 소금, 청주, 후춧가루, 달걀흰자, 전분으로 밑간하여 기름에 튀긴다.

2 대파, 마늘, 생강은 깨끗이 손질하여 편으로 자르고, 표고버섯, 새송이버섯은 닭고기와 같은 형태로 썰어 끓는 물에 데친다.

3 팬에 파기름을 두르고 대파, 마늘, 생강으로 향을 낸 후 정종, 두지소스(검은콩소스)를 넣고 맛을 낸 다음 화한 닭고기, 데친 표고버섯, 새송이버섯을 넣어 볶는다.

4 팬에 육수를 넣고 소금으로 간을 한 다음 물녹말로 농도를 맞추고 참기름으로 마무리한다.

Tip

두지소스는 검은콩을 발효해서 사용하는 소스로, 최근에는 완제품이 많이 사용되는 추세로 굴소스처럼 조금씩 사용하면 된다. 원래 두지는 검은콩을 발효하여 염장한 재료이다. 업장에 따라 전통조리법으로 요리하는 곳은 아직도 생두지를 많이 사용한다.

북경고압
北京烤鴨 베이징 카오야

재료

오리 1마리, 초과 20g, 통계피 10g, 팔각 1
쪽, 진피 10g, 소금 10g, 대파 50g, 오이
50g, 피망 50g

야빙(춘병) 밀가루 80g, 물 30mL, 소금 2g

스킨소스 물엿 50mL, 청주 100mL, 오가
피주 100mL, 사과 ½쪽, 레몬 ½쪽, 생수
1000mL

카오야소스 사쿠라 미소 30g, 춘장 30g,
꿀 10g, 참기름 10mL, 탄산수 30mL, 설탕
15g, 멜론 스몰 다이스 30g

만드는 법

오리 굽는 방법

1 오리는 여분의 이물질을 제거한 다음 깨끗이 손질한다. 이때 주의할 점은 오리
의 껍질, 피하지방, 근육을 분리하기 위해 오리목에 작은 구멍을 내고 대롱(스
트로우 형태)을 꽂은 다음 오리 항문을 막은 후 바람을 불어 넣으면 껍질과 피
하지방이 분리되어 품질이 뛰어나고 맛있는 오리 껍질을 먹을 수 있다.

2 손질된 오리의 뱃속에 통계피, 초과, 팔각, 진피, 소금을 넣어 마사지하듯이 비
벼준 다음 항문쪽을 꿰맨다.

3 팬에 스킨소스 재료를 혼합하여 약한 불에 올려 반쯤 졸인다.

4 손질이 끝난 오리는 끓는 물에 담가 피부를 수축시키고 껍질을 탄력 있게 만
든다.

5 끓는 물에 데친 오리에 스킨소스를 골고루 바른 다음 응달에 걸어 하루 정도
말린다.

6 오리전용 화덕에 3시간 정도 굽는다.

야빙(춘병) 만드는 방법

1 밀가루에 소금과 물을 넣고 고루 섞어 촉촉한 거즈에 싸서 15분 숙성시킨다.

2 숙성된 밀가루를 20g씩 떼어내어 밀대로 지름 20cm가 되게 동그랗게 민다.

3 팬을 달구어 야빙(춘병)을 굽는다.

4 구운 야빙(춘병)에 참기름을 발라서 찜통에 5분 정도 찐다.

카오야소스 만들기

1 모든 재료를 분량대로 혼합하여 하루 숙성시켜 사용한다.

베이징 카오야 시식하는 방법

1 대파, 오이, 피망은 깨끗이 손질하여 띠아모(굵은 채)로 준비한다.

2 구운 오리는 껍질 쪽으로 해서 먹기 좋은 크기로 자른다.

3 찜통에 쪄낸 야빙(춘병)에 오리껍질을 놓고 그 위에 채소 세 종류를 담아내고
그 위에 소스를 첨가하여 먹기 좋은 형태로 포장한다.

새우 마요네즈소스
富貴炸蝦 푸구이짜아시아

재료

중새우 6마리, 달걀 1개, 사과 ⅛개, 오이 40g, 후춧가루 2g, 정종 2mL, 식용유 500mL, 전분 50g, 달걀 1개
부귀소스 마요네즈 30g, 설탕 10g, 코코넛시럽 10g, 생크림 10mL, 플레인 요구르트 10g, 레몬 ⅛개, 소금 3g

만드는 법

1 채소와 과일을 쇼띵 크기(사방 0.5cm 크기, 다이스 형태)로 모양 있게 자른 후 끓는 물에 데친다.

2 새우는 껍질을 벗기고 내장을 뺀 뒤 깨끗이 손질하여 물기를 제거하고 소금, 후추, 정종으로 밑간을 한다.

3 부귀소스(마요네즈, 코코넛시럽, 생크림, 플레인 요구르트, 레몬, 설탕, 소금)는 분량대로 혼합하여 만든다.

4 밑간한 새우에 전분과 달걀흰자를 섞어 식용유에 두 번 튀긴다.

5 준비한 채소와 과일의 수분을 제거하여 튀긴 새우를 넣고 부귀소스를 혼합하여 마무리한다.

1. 새우에는 칼슘과 타우린이 들어 있어 성장발육에 좋고, 성인병 예방에도 좋으며, 특히 키틴은 체내 콜레스테롤을 낮추는 역할을 한다.
2. 부귀소스에 일반 과일 말고도 제철과일인 딸기, 포도, 사과 등을 넣어서 소스에 같이 섞어서 사용하면 제철음식이 된다.

게살 매운 소스

瘌辣蟹肉 마라시에로우

재료

게살 200g, 식용유 800mL, 청피망 ¼
개, 달걀 1개, 홍피망 ¼개, 녹말 30g, 죽
순 30g, 참기름 5mL, 표고버섯 30g, 육수
120mL, 대파 10g, 후추 5g, 마늘 10g, 생
강 5g, 마른 홍고추 1개

마라소스 두반장 20g, 청주 15mL, 간장
15mL, 설탕 5g, 후춧가루 5g, 고추기름
15mL

만드는 법

1 게살을 5×1cm 정도의 길이로 성형하여 간장, 생강즙, 청주로 밑간하여 녹말 달
 걀흰자로 튀김옷을 입혀 두 번 튀긴다.

2 청피망, 홍피망, 죽순, 표고버섯은 채 썰어서 끓는 물에 데친다.

3 대파, 마늘, 생강을 채 썰기 한다.

4 팬에 고추기름을 두르고 대파, 마늘, 생강을 넣고 향을 낸 후 두반장, 청주, 간
 장을 첨가하여 볶는다.

5 팬에 데친 홍피망, 청피망, 죽순, 표고버섯을 넣고 볶다가 육수를 붓고 설탕, 후
 추를 넣고 끓으면 튀긴 게살말이를 넣고 물녹말로 농도를 맞추고 참기름으로
 마무리한다.

Tip

마라소스는 사천지방에서 많이 사용하는 소스는 고추기름과 삼초(고추, 후
추, 산초)를 배합하여 매운맛을 조절하고 요리의 형태에 따라 소스요리와
볶음요리에도 사용할 수 있다. 특히 마라소스는 육류나 해산물 등에 잘 어
울리며 다른 소스와 혼합하여 응용소스로도 충분히 활용할 수 있다. 한국에
서는 월남건고추 대신 마른 청양고추를 사용하기도 하며, 매운맛을 더욱 살
리고 싶다면 고추씨기름, 청양고추, 월남고추를 혼합하여 사용하기도 한다.

우럭튀김 마늘소스
乾烹石斑魚 깐펑스반위

재료

우럭 1마리, 식용유 800mL, 달걀 1개, 후춧가루 5g, 홍고추 1개, 청주 15mL, 청고추 1개, 간장 10mL, 마늘 6쪽, 청탕(닭육수) 60mL, 대파 30g, 식초 30mL, 생강 10g, 설탕 30mL, 녹말가루 100g, 참기름 5mL, 마른 홍고추 1개, 고추기름 15mL, 고춧가루 15g, 청경채 3개

마늘소스 식초 30mL, 청주 15mL, 간장 10mL, 설탕 30g, 후춧가루 5g, 고추기름 15mL, 육수 60mL, 고춧가루 15mL

만드는 법

1 우럭은 깨끗이 세척한 다음 아가미를 이용하여 내장을 제거하고, 또한 비늘과 조름을 제거하고 깨끗이 손질하여 3cm 간격으로 칼집을 넣은 다음 소금, 청주로 밑양념을 한 후 달걀을 우럭에 무치고 녹말가루를 이용하여 튀김옷을 만들어서 두 번 바삭하게 튀긴다.

2 분량대로 혼합하여 마늘소스를 만든다.

3 마늘의 일부는 다지고 일부는 편으로 썰어 놓는다. 대파, 생강도 다진다.

4 편으로 썰어 놓은 마늘은 기름에 노릇하게 튀겨 놓는다.

5 모든 채소(청고추, 마른 고추, 붉은 고추)는 쏨띵(사방 0.5cm 크기)으로 썰어 준비한다.

6 팬에 고추기름을 두르고 다진 대파, 생강, 마늘을 볶아 향을 낸 후 마늘소스를 붓고 살짝 조린 후 1의 우럭을 넣어 볶아 참기름으로 마무리하고 살이 부서지지 않게 접시에 담아내고 그 위에 4의 마늘편으로 장식한다.

7 청경채는 손질하여 데친 후 기름에 볶아 접시에 담는다.

Tip

쏨뱅이목 양볼락과의 바닷물고기로 표준말은 조피볼락이지만 우럭이라는 이름으로 널리 알려져 있으며 크기가 20cm 정도가 최상품이고 이보다 크면 체내의 지방량이 쉽게 줄어들며, 작은 것은 지방량이 적어서 맛이 떨어진다. 신선한 우럭은 몸 전체의 색이 고르고 윤기가 나며, 특히 육질은 연하지도 질기지도 않고 쫄깃한 식감 때문에 인기가 높다. 우럭의 영양학적 효능으로 함황아미노산이 다른 어류에 비해 월등히 높아 간기능 향상 및 피로회복에 좋다.

우럭찜
淸蒸石斑魚 청쯩스반위

재료

우럭 1마리, 중국햄 100g, 대파 100g, 생강 10g, 간장 60mL, 청탕(닭육수) 100mL, 파기름 50mL, 설탕 10g, 소홍주 40mL, 고수 30g
간장소스 육수 100mL, 소홍주 20mL, 간장 60mL, 설탕 10g

만드는 법

1 우럭은 비늘을 제거하고 아가미를 손질하여 아가미 속으로 나무젓가락을 넣어 내장을 제거하고 깨끗이 씻어 물기를 제거하고 등으로 칼집을 내어 살을 펼친 다음 나무젓가락을 접시에 깔고 그 위에 우럭을 얹어 놓는다. 그 위에 햄, 대파와 생강을 담아내고, 소금, 소홍주로 밑간하여 찜솥에 넣어 10분 정도 찐다.

2 햄과 대파는 약 7cm 길이의 가는 채로 썰어 준비하고 고수는 줄기와 잎을 먹기 좋게 다듬어 깨끗이 씻어 놓는다.

3 쪄낸 우럭 위에 대파, 생강 등을 제거하고 접시에 보기 좋게 담은 후 그 위에 채 친 대파와 햄, 고수를 올려놓는다.

4 팬에 파기름을 넣어 뜨겁게 끓인다(190℃ 정도).

5 팬에 간장소스를 넣어 끓으면 우럭찜 위에 붓는다. 그리고 그 위에 뜨겁게 달군 파기름을 넣어 향을 올린다.

Tip

거의 대부분의 우럭찜은 껍질과 육질에 칼집을 넣고 파, 생강 등을 넣고 쪄내지만, 우럭찜을 할 때 돼지고기 훈제햄을 사용하면 생선의 비린맛이 사라지고, 생선 특유의 흙냄새가 없어지면서 풍미가 좋아진다. 필자가 중국 현지에 가서 생선찜을 주문하면 생선 위에 훈제햄이 올라가는 경우가 종종 있다.

중새우 칠리소스
乾燒中鰕 깐샤오밍시아

재료

중새우 6마리, 청주 30mL, 달걀 1개, 설탕 10g, 녹말 100g, 고추기름 15mL, 대파 10g, 참기름 2mL, 마늘 1톨, 후춧가루 5g, 생강 5g, 청피망 30g, 홍피망 30g

깐쑈소스 두반장 30g, 청주 10mL, 케첩 30g, 청탕(닭육수) 70mL, 설탕 15g, 참기름 2mL

만드는 법

1 청피망, 홍피망, 대파, 마늘, 생강은 깨끗이 손질하여 쑈띵(0.5cm) 크기로 자른다.

2 큰 새우는 요지를 이용하여 내장을 제거한 후 껍질을 분리한 후 소금, 정종, 후춧가루로 밑간을 한다.

3 양념한 큰 새우에 물기를 깨끗이 제거하여, 달걀흰자와 전분을 섞어 튀김옷을 입혀 식용유에 두 번 바삭하게 튀겨서 접시에 담아낸다.

4 팬에 고추기름을 두르고 파, 마늘, 생강을 두르고 향이 나면 깐쑈소스를 이용하여 맛을 맞추어 끓인다.

5 끓인 깐쑈소스에 물녹말로 농도를 맞춘 후 참기름으로 마무리하여 튀겨 놓은 중새우를 버무려 보기 좋게 담아낸다.

Tip

1. 신선한 새우는 몸이 투명하고 윤기가 나며 껍질과 살이 단단하면서 달콤한 냄새가 난다.

2. 새우를 튀길 때 등쪽에 칼집을 넣고 튀기는 경우도 있는데 그렇게 튀기게 되면 새우 크기가 작아진다. 튀기기 전에 새우를 손으로 꼭 쥐어 마디마디를 펴낸 다음 튀기면 길이가 좀 더 커 보인다.

상해식 게볶음

上海炒蟹 상하이초오시에

재료

게 2마리, 표고버섯 2장, 전분(녹말가루) 100g, 식용유 800mL, 마른 고추 1개, 달걀 2개, 대파 30g, 생강 10g, 마늘 2쪽, 양파 50g, 청피망 50g

상해식 간장소스 굴기름 15mL, 간장 30mL, 소홍주 10mL, 참기름 3mL, 후춧가루 5g, 청탕(닭육수) 45mL

만드는 법

1 게는 솔로 문질러 깨끗이 손질해서 6조각으로 토막 친다.

2 손질한 게를 칼등으로 살짝 두드린 후 소홍주, 간장으로 밑간하여 수분을 제거한 후 달걀흰자, 마른 녹말가루를 묻힌 후 170℃ 튀김기름에 두 번 바싹 튀긴다.

3 대파, 생강, 마늘, 마른 고추를 스몰 다이스(0.5cm) 크기로 자른다.

4 피망, 양파, 표고버섯은 깨끗이 손질하여 채로 자르고 끓는 물에 데친다.

5 팬에 고추기름을 두르고 파, 생강, 마늘, 마른 고추를 넣어 향을 낸 후 데친 채소를 넣고 볶는다. 여기에 상해식 간장소스를 넣어 살짝 조린 후 튀긴 게를 소스에 넣고 버무린 뒤 참기름을 넣어 마무리한다.

Tip

신선한 게는 다리가 모두 붙어 있고, 냄새가 없으며, 배가 단단하고 살이 꽉 찬 것, 손으로 눌러 보았을 때 탄력이 있는 것이 좋다. 게는 필수아미노산이 풍부하게 들어 있고, 지방이 적으며, 소화가 잘 되고 맛이 담백하여 어린이, 청소년, 노약자, 회복기 환자에게 좋다.

전가복
全家福 추안지아푸

재료

불린 해삼 30g, 전복 1개, 참기름 3mL, 위소라 20g, 청주 15mL, 녹말 50g, 청피망 30g, 청경채 20g, 굴기름(호유) 15mL, 홍피망 30g, 죽순 20g, 청탕(닭육수) 150mL, 중새우 2마리, 파기름 20mL, 패주(가리비 살) 20g, 자연송이 50g, 오징어살 20g, 마늘 1쪽, 표고버섯 1장, 생강 5g, 새송이버섯 30g, 대파 20g

만드는 법

1 오징어는 칼집을 넣어 편 썰기로 자르고, 위소라는 이물질을 제거하고 편 썰기를 하고, 패주는 몸통 표면에 있는 피막을 제거하고 편 썰기를 하고, 새우는 등의 내장을 요지로 제거하여 껍질을 분리한 후 소금물에 흔들어서 이물질을 제거한다. 전복은 깨끗이 손질하여 편으로 자르고, 불린 해삼은 편 썰기로 자른 후 모두 끓는 물에 데친다.

2 죽순, 청경채, 새송이버섯, 표고버섯은 깨끗이 손질하여 편으로 썰어 끓는 물에 데친다.

3 해물과 야채는 따로 구분하여 수분을 제거한다.

4 대파, 마늘, 생강은 깨끗이 손질하여 편 썰기로 자른다.

5 자연송이는 깨끗이 손질하여 6cm 길이로 길게 자르고 난 후 끓는 물에 데친다.

6 팬에 파기름을 두르고 대파, 생강, 마늘을 볶아서 향을 낸 다음 굴기름(호유), 정종을 넣고 볶다가 데친 해물(전복 제외)과 데친 채소(자연송이 제외)를 넣고 볶는다.

7 팬에 육수 60mL를 첨가하여 물녹말로 농도를 맞추어 접시에 담는다.

8 팬에 나머지 육수를 붓고 간장으로 색을 낸 다음 물녹말로 농도를 맞춘 후 손질하여 데친 전복과 자연송이를 넣고 참기름으로 마무리하여 요리를 덮는다.

Tip

1. 전가복은 두 번 요리하는 음식으로 첫 번째 식품재료에 소스를 첨가한다. 두 번째 소스를 따로 만들어 위에 소복이 담아낸다. 이러한 조리법을 통해 완성하기 때문에 맛도 한 번에 두 가지 맛을 느낄 수 있는 음식이다.
2. 전가복은 일반요리에 비해 고급식재료가 많이 들어가는 상당히 고급음식이다.
3. 해물류를 요리하기 전에 끓는 물에 데치는 것보다 뜨거운 기름에 잠시 데치는 것이 해산물의 식감을 더 좋게 한다.

팔보채
八寶菜 빠바오차이

재료

불린 해삼 30g, 마늘 1쪽, 참소라 20g, 청주 15mL, 청피망 30g, 청경채 20g, 홍피망 30, 죽순 20g, 중새우 2마리, 파기름 20mL, 패주(가리비살) 20g, 생강 5g, 갑오징어살 20g, 대파 20g, 표고버섯 1장, 새송이버섯 30g

팔보채소스 굴기름(호유) 15mL, 녹말 50g, 청탕(닭육수) 60mL, 간장 5mL, 참기름 3mL

만드는 법

1 갑오징어는 칼집을 넣어 편 썰기로 자르고, 참소라는 이물질을 제거하여 편 썰기를 하고, 패주는 몸통 표면에 있는 피막을 제거하고 편 썰기를 하고, 새우는 등의 내장을 요지로 제거하여 껍질을 분리한 후 소금물에 흔들어서 이물질을 제거한다. 전복은 깨끗이 손질하여 편으로 자르고, 불린 해삼은 편 썰기로 자른 후 모든 해물을 끓는 물에 데친다.

2 죽순, 청경채, 새송이버섯, 자연송이, 표고버섯은 깨끗이 손질하여 편으로 썰어 끓는 물에 데친다.

3 해물과 야채는 따로 구분하여 수분을 제거한다.

4 대파, 마늘, 생강은 깨끗이 손질하여 편 썰기로 자른다.

5 팬에 파기름을 두르고 대파, 생강, 마늘을 볶아서 향을 낸 다음 간장, 정종을 넣고 맛을 내고, 굴기름(호유)을 볶다가 데친 해물과 데친 채소를 넣고 볶는다.

6 팬에 육수를 첨가하여 물녹말로 농도를 맞추고 참기름으로 마무리하여 접시에 담는다.

Tip

1. 팔보채는 귀한 식재료를 이용해서 만든 산동지방 스타일의 요리이다.
2. 팔보채는 한국화된 중국음식이다. 필자가 중국 현지에서 맛본 팔보채는 우리나라와 완전히 다른 재료를 사용하며 보편적으로 매운 맛이 강하다.

유산슬
流三絲 려우싼쓰

재료

불린 국산해삼 50g, 마늘 1쪽, 참소라 20g, 죽순 20g, 청피망 30g, 청경채 20g, 홍피망 30g, 죽순 20g, 중새우 2마리, 새송이버섯 1송이, 쇠고기 30g, 생강 5g, 갑오징어 30g, 대파 20g, 표고버섯 2장, 청주 15mL, 패주 30g, 파기름 20mL, 달걀 1개, 간장 3mL

유산슬소스 소금 15mL, 녹말 50g, 청탕(닭육수) 60mL, 소홍주 5mL, 참기름 3mL

만드는 법

1 갑오징어는 칼집을 넣어 채 썰기로 자르고, 참소라는 이물질을 제거하고 채 썰기를 하고, 패주는 몸통 표면에 있는 피막을 제거하고 채 썰기를 하고, 새우는 등의 내장을 요지로 제거하여 껍질을 분리한 후 소금물에 흔들어서 이물질을 제거하여 눞로 자르고, 불린 해삼은 소금으로 깨끗이 손질하여 채 썰기로 자른 후 모든 해물을 끓는 물에 데친다.

2 죽순, 청경채, 새송이버섯, 자연송이, 표고버섯은 깨끗이 손질하여 채로 썰어 끓는 물에 데친다.

3 해물과 야채는 따로 구분하여 수분을 제거한다.

4 대파, 마늘, 생강은 깨끗이 손질하여 채 썰기로 자른다.

5 쇠고기는 채로 썰어 전분, 청주, 달걀, 간장으로 양념하여 기름에 튀긴다.

6 팬에 파기름을 두르고 대파, 생강, 마늘을 볶아서 향을 낸 다음 소홍주를 넣고 맛을 내고, 화한 쇠고기, 데친 해물, 데친 채소를 넣고 볶는다.

7 팬에 육수를 첨가한 후 소금으로 간을 하고 물녹말로 농도를 맞추고 참기름으로 마무리하여 접시에 담는다.

Tip

유산슬은 육류와 해산물, 채소를 가늘게 채 썰어 기름이나 물에 데쳐서 센 불에 재빨리 볶은 후 전분을 이용하여 걸쭉하게 만든 중국요리를 말한다. '류[溜]'는 '녹말을 끼얹어 흐르듯이 걸쭉하게 하는 것', '산(三)'은 '세 가지 재료(해물, 육류, 채소 사용)', '슬(絲)'은 '가늘게 채 썰다'라는 뜻이다.

해물 누룽지
锅巴 海味 꾸어바하이웨이

재료

불린 해삼 30g, 누룽지 4쪽, 참기름 3mL, 참소라 20g, 청주 15mL, 전분(녹말가루) 50g, 청피망 30g, 청경채 20g, 굴기름(호유) 15mL, 홍피망 30g, 죽순 20g, 청탕(닭육수) 300mL, 중새우 2마리, 파기름 20mL, 간장 15mL, 패주(가리비살) 20g, 대파 20g, 갑오징어살 20g, 마늘 1쪽, 표고버섯 1장, 생강 5g, 새송이버섯 30g

만드는 법

1 갑오징어는 칼집을 넣어 편 썰기를 하고, 참소라는 이물질을 제거하고 편 썰기를 하고, 패주는 몸통 표면에 있는 피막을 제거하고 편 썰기를 하고, 새우는 등의 내장을 요지로 제거하여 껍질을 분리한 후 소금물에 흔들어서 이물질을 제거한다. 전복은 깨끗이 손질하여 편으로 자르고, 불린 해삼은 편 썰기로 자른 후 모두 끓는 물에 데친다.

2 죽순, 청경채, 새송이버섯, 표고버섯은 깨끗이 손질하여 편으로 썰어 끓는 물에 데친다.

3 해물과 야채는 따로 구분하여 수분을 제거한다.

4 대파, 마늘, 생강은 깨끗이 손질하여 편 썰기로 자른다.

5 누룽지를 뜨거운 기름(200℃ 정도)에 튀겨낸다.

6 냄비에 튀긴 누룽지를 담는다.

7 팬에 파기름을 두르고 대파, 생강, 마늘을 볶아서 향을 낸 다음 간장, 정종을 넣고 볶다가, 굴기름(호유), 데친 해물, 데친 채소를 넣고 볶는다.

8 팬에 육수 300mL를 첨가하여 물녹말로 농도를 맞추고 참기름으로 마무리하여 누룽지가 담긴 냄비에 담아낸다.

Tip

1. 누룽지탕은 강희제에 관한 이야기가 전해진다. 강희제가 민생시찰을 하기 위해 변복을 하고 중국 전역을 여행하던 중, 하루는 어느 농가에서 음식을 청했는데 농부가 가마솥에 남아 있던 누룽지를 긁어 낸 후 뜨겁게 덥힌 탕을 부어 강희제 앞에 내 놓았다. 배가 고팠던 강희제는 그 누룽지탕을 맛있게 먹고 그 음식에 '천하제일요리'라고 칭찬했다. 그 후 쑤저우 누룽지는 황제가 천하제일요리라고 칭찬했다는 이야기가 덧붙으면서, 사람들이 즐겨 먹는 음식으로 자리잡게 되었다.

2. 누룽지탕은 소리로 먹는 음식으로 누룽지를 바로 튀겨 소스에 담아내면 팍파박 하고 끓는 소리가 난다. 그 소리는 상당히 경쾌하며 그 소리를 들으려고 누룽지탕을 주문하는 사람도 제법된다.

홍소야 두부-고기두부조림

蒸釀豆腐 쩐니안떠우푸

재료

돼지고깃살 90g, 두부 1모, 전분(녹말가루) 30g, 대파 20g, 생강 5g, 식용유 500mL, 청주 30mL, 육수 300mL, 달걀 1개, 청경채 1포기

홍소야 두부소스 간장 15mL, 굴기름(호유) 15mL, 설탕 5g, 참기름 3mL

만드는 법

1 두부 1모를 $\frac{1}{4}$ 크기(5×3×2cm)로 썬 다음 가운데 속을 동그랗게 파낸다.

2 대파, 생강은 잘게 다진다.

3 돼지고기는 곱게 다진다. 다진 고기에 다진 파, 생강, 청주, 녹말가루, 달걀흰자를 넣고 잘 치대어 놓는다.

4 파낸 두부 속에 녹말가루를 골고루 발라준 후 다져 양념한 고기를 채우고, 고기가 두부에 떨어지지 않도록 살짝 눌러준다.

5 청경채를 깨끗이 손질하여 먹기 좋은 크기로 자른 후 끓는 물에 데쳐 팬에 살짝 볶는다.

6 팬에 식용유를 붓고 온도가 오르면(160℃) 두부를 넣고 색이 노릇해질 때까지 튀긴다.

7 팬에 육수, 간장, 굴기름, 청주, 설탕을 넣고 끓인다.

8 찜기에 튀긴 두부를 넣고 소스를 끼얹어서 10분 정도 쪄낸다.

9 쪄낸 두부를 접시에 보기 좋게 담는다.

10 팬에 쪄내고 남은 소스에 청주 15mL를 넣고 물녹말을 풀어 걸쭉하게 농도를 맞추고 참기름을 첨가하여 쪄낸 두부 위에 뿌리고 청경채를 가지런히 담아낸다.

Tip

두부는 콩으로 만든 식품으로 단백질 함량이 높다. 이로 인하여 다이어트 하는 사람, 몸매를 가꾸는 사람에게 추천할 만하다. 두부는 리놀산을 함유하고 있어 콜레스테롤 수치를 낮추고, 이당류의 하나인 올리고당을 함유하고 있어 혈당지수(GI)가 낮고, 장의 움직임을 활발하게 한다.

송이전복

松栮鲍鱼 송롱빠오위

재료

자연송이 160g, 죽순 80g, 전복 70g, 마늘 1쪽, 생강 5g, 대파 10g, 소금 10g, 전분(녹말가루) 15g, 파기름 15mL, 육수 150mL

두지소스(검은콩소스) 두지소스(발효검은콩소스) 20g, 간장 5mL, 소홍주 15mL, 참기름 3mL, 소금 10g

만드는 법

1   자연송이는 깨끗이 손질하여 5cm 길이로 길게 자르고 난 후 끓는 물에 데친다.

2   죽순은 깨끗이 손질하여 편으로 자르고 난 후 끓는 물에 데친다.

3   전복은 소금으로 깨끗이 손질하여 먹기 좋은 크기로 자르고 난 후 끓는 물에 데친다.

4   마늘과 대파는 편으로 자르고 생강은 곱게 다져서 즙만 사용한다.

5   팬에 파기름을 두르고 마늘, 대파, 생강즙을 넣어 볶아 향이 올라오면 소홍주, 두지소스를 넣어 맛을 내고 손질하여 데친 자연송이, 전복, 죽순을 넣고 볶은 후 물녹말로 농도를 맞추고 참기름으로 마무리한다.

조리법에 따라서는 송이전복은 소스를 하얗게 만들기도 한다. 전복을 요리하고 난 후 바로 먹지 않으면 전복에서 하얀 물이 나오는데 이것과 가장 비슷한 색깔로 요리하기 위해서이다. 또는 노두유를 사용하여 까맣게 요리하는 경우도 있다.

송이해삼탕
海蔘松栮 쏭용하이션

재료

불린 해삼 250g, 자연송이 80g, 대파 20g, 마늘 1쪽, 생강 5g, 청경채 2포기, 파기름 20mL

해삼송이소스 굴기름(호유) 30mL, 흰 후춧가루 2g, 육수 150mL, 청주 15mL, 참기름 3mL

만드는 법

1 자연송이는 깨끗이 손질하여 5cm 길이로 길게 자르고 난 후 끓는 물에 데친다.

2 해삼은 깨끗이 손질하여 편으로 자르고 난 후 끓는 물에 데친다.

3 청경채를 깨끗이 손질하여 먹기 좋은 크기로 자른 후 끓는 물에 데쳐 팬에 살짝 볶는다.

4 대파, 마늘은 편으로 자르고 생강은 곱게 다져서 즙만 사용한다.

5 팬에 파기름을 두르고 대파, 마늘, 생강즙을 볶아 향이 올라오면 청주, 굴기름, 흰 후춧가루를 넣어 맛을 내고 손질하여 데친 청경채, 자연송이, 해삼을 넣고 볶은 후 물녹말로 농도를 맞추고 참기름으로 마무리한다.

Tip

1. 해삼은 4~5월에 많이 잡히며 맛은 가을부터 좋아지기 시작하여 동지 전후에 가장 맛이 좋다. 해삼은 자양강장 식품이라 남성의 양기를 북돋아 주며 한의학에서는 발기부전, 허약체질, 혈액순환, 변비, 폐결핵, 빈혈 등의 치료에 이용되고 당뇨병에도 좋은 효과가 있다고 한다.

2. 해삼탕을 요리할 때 가장 중요한 포인트는 절대 국물이 접시에 흘러나오면 안 된다는 것이다.

짜사이무침
凉拌菜 짜사이반차이

재료

짜사이 300g, 대파 50g, 청피망 20g, 홍피망 20g
짜사이무침 양념 고추기름 30mL, 참기름 3mL, 식초 5mL

만드는 법

1 짜사이는 물로 2~3번 세척한 뒤 찬물에 20분 정도 담가 둔다.
2 대파, 청피망, 홍피망은 짜사이와 같은 크기로 자른다.
3 물에 담가둔 짜사이는 건져 물기를 제거한다.
4 그릇에 물기를 제거한 짜사이, 채친 대파, 청피망, 홍피망을 담아 짜사이무침 양념을 넣어 버무린다.

중국식 삶은 콩
蒸鬻黄豆 쯍쑹후앙도우

재료

콩 200g, 팔각 2쪽, 대파 30g, 생강 10g, 소금 30g

만드는 법

1 콩을 물에 3시간 정도 불린다.
2 냄비에 콩의 5배 정도의 물을 붓고 불린 콩을 삶는다(30분 정도).
3 콩이 삶아지면 물을 버리고 콩의 5배 정도의 물을 붓고 한 번 삶은 콩을 다시 한 번 삶는다(20분 정도).
4 콩이 두 번 삶아지면 물을 버리고 다시 한 번 콩의 5배 정도의 물을 붓고 삶은 콩, 팔각, 대파, 생강, 소금을 넣고 삶는다(20분 정도).
5 완전히 삶아지면 식혀서 사용한다.

마라황과
麻辣黄瓜 마라후안꿔아

재료

백오이 4개, 굵은 소금 100g, 마늘 2쪽, 고추기름 50mL, 대파 30g, 건고추 1개
마라황과무침 양념 두반장 60g, 다진 대파 15g, 식초 20mL, 무침용 고추기름 30mL, 레몬즙 10mL, 참기름 5mL, 고운 고춧가루 20g, 설탕 30g, 다진 마늘 15g

만드는 법

1 오이는 굵은 소금으로 깨끗이 손질하여 물에 세척한 후 먹기 좋은 크기(오이를 가로로 세 등분한다. 세 등분한 오이를 다시 한 번 세로로 세 등분하여 속에 있는 씨 부분을 제거한다.)로 자른다.
2 절단한 백오이를 소금에 절인다(20분 정도).
3 오이가 절여지면 물에 한 번 세척한 후 물기를 제거한다.
4 대파와 건고추는 편으로 자르고, 마늘은 으깬다.
5 팬에 고추기름, 대파, 건고추, 마늘을 넣고 끓인 후 식혀서 무침용 고추기름을 만든다.
6 손질이 끝난 오이와 마라황과무침 양념을 넣어 무친다.
7 하루 정도 숙성시켜 사용한다.

삼선짜장면
三鮮炸醬麵 싼쌘짜장맨

재료

생면 150g, 오이 30g, 불린 해삼 30g, 양파 200g, 새우 30g, 식용유 40mL, 오징어 30g, 간장 10mL, 돼지고기 30g, 육수 50mL, 대파 20g, 전분(녹말가루) 30g, 마늘 1쪽, 생강 5g

짜장면소스 볶은 춘장 50g, 설탕 10g, 소금 10g

만드는 법

1 춘장에 동량의 기름에 넣어 부드러워질 때까지 볶는다.

2 대파, 생강, 마늘, 돼지고기, 양파, 해산물은 깨끗이 손질하여 네모나게 썰고, 오이는 채 썬다. 이때 자른 해산물은 끓는 물에 살짝 데쳐 물기를 제거하여 준비한다.

3 생면을 팔팔 끓는 물에 넣고 삶은 다음 찬물에 깨끗이 씻어 건져 따뜻한 물에 데쳐서 면 그릇에 담는다.

4 팬에 기름을 두르고 대파, 마늘, 생강을 넣어 향을 낸 후 간장 넣고, 돼지고기를 갈색이 나도록 볶다가 양파를 재빨리 볶아 아삭아삭하게 한 다음 짜장면소스를 넣고 다시 볶다가 데친 해물을 넣고 육수를 붓고 물전분으로 농도를 맞춘다.

5 면이 담긴 그릇에 짜장을 보기 좋게 담고 오이채를 위에 올려준다.

Tip

조선의 개항 후 화교들은 부두 근로자들을 상대로 싸고, 빨리 먹을 수 있는 음식을 개발할 필요성을 느꼈고 이렇게 해서 만들어진 음식이 바로 산동 지역의 면요리인 '짜장면'이다. 이후 이들은 새로운 고객으로 부상하는 한국인을 위해 한국화된 면요리의 맛을 만들어 내기 시작하였는데, 국내에서 많이 생산되는 양파와 당근을 넣은 뒤 춘장에 물을 타서 연하게 풀어낸 뒤 소스로 곁들이는 방법이었다. 때마침 6.25전쟁 이후 미국은 전쟁의 피해를 입은 한국에 많은 식품들을 무상공급했는데 그중에서도 가장 많이 지원된 것이 바로 '밀가루'였다. 이리하여 값싼 밀가루와 짜장소스의 만남은 짜장면이라는 한국화된 중국 면요리를 만들어 낸 것이다.

새우볶음밥
明蝦炒飯 밍시아차오판

재료

밥 150g, 식용유 30mL, 대파 10g, 달걀 2개, 새우 30g, 청피망 15g, 홍피망 15g

만드는 법

1 대파, 청피망, 홍피망은 깨끗이 손질하여 0.5×0.5cm 크기로 썬다.

2 새우는 내장을 제거하고 깨끗이 손질하여 ½로 자른다.

3 새우, 청피망, 홍피망은 끓는 물에 데친다.

4 달걀을 깨어 잘 저어 놓는다.

5 팬에 식용유를 두르고 달걀을 넣고 볶다가, 달걀이 익는 순간에 대파, 새우를 넣고 볶는다.

6 볶은 달걀을 볶음밥 그릇에 먼저 담는다.

7 팬에 식용유를 두르고 뜨거워지면 대파를 넣어 향을 낸 후 남은 달걀을 넣어 완전히 익힌 후 쌀밥을 넣어 볶다가 소금을 넣어 간을 맞춘다. 계속 볶아 밥알에 기름이 골고루 스며들도록 노르스름하게 한다. 이것을 볶은 달걀을 담은 그릇에 담아 형태를 잡는다.

8 볶음밥 접시에 옮겨 담아 모양을 살린다.

Tip

춘추 전국 시절 제나라가 오나라의 보병에 밀려 황제까지도 피난을 가게 되었다. 황제는 피난을 가던 중 '영'이라는 마을에까지 이르게 되었는데 (지금의 사천성) 그곳의 주민들이 그가 황제라는 사실을 모르고 황제의 식사를 준비하였다. 당시 '영' 지역은 중국 제일의 땅콩유의 생산지였다. 그리하여 주민들은 지역 특산품인 땅콩기름으로 볶은 음식과 밥을 황제에게 진상하게 되었고 그 후 전쟁에서 승리한 황제는 환궁한 후에도 그 음식과 밥을 찾았다고 한다. '작영어반(炸罃御飯)'이라는 볶음밥은 여기서 유래한다고 한다.

게살볶음밥
蟹肉炒飯 시에로우차오판

재료

밥 150g, 식용유 30mL, 대파 10g, 달걀 2개, 게살 30g, 청피망 15g, 홍피망 15g

만드는 법

1 게살은 깨끗이 손질하여 가지런히 정리하고, 대파, 청피망, 홍피망은 깨끗이 손질하여 0.5×0.5cm 크기로 썬다.

2 게살, 청피망, 홍피망은 끓는 물에 데친다.

3 달걀을 깨어 잘 저어 놓는다.

4 팬에 식용유를 두르고 달걀을 넣고 볶다가, 달걀이 익는 순간에 대파, 게살을 넣고 볶는다.

5 볶은 달걀을 볶음밥 그릇에 먼저 담는다.

6 팬에 식용유를 두르고 뜨거워지면 대파를 넣어 향을 낸 후 남은 달걀을 넣어 완전히 익힌 후 쌀밥을 넣어 볶다가 소금을 넣어 간을 맞추고 계속 볶아 밥알에 기름이 골고루 스며들도록 노르스름하게 한다. 이것을 볶은 달걀을 담은 그릇에 담아 형태를 잡는다.

7 볶음밥 접시에 옮겨 담아 모양을 살린다.

Tip

볶음밥은 쌀을 주식으로 하는 지역에서 많이 이용하는 조리법으로 밥에 무엇이 들어가느냐에 따라 여러 종류의 볶음밥이 조리된다. 볶음밥은 원래 중국 뎬신요리의 하나로 시작했다. 현재 우리가 알고 있는 볶음밥은 중국에서 주방장으로 유명했던 타오평의 가정식에서 비롯되었는데 그 방법은 주방에 남은 차가운 밥을 다른 재료와 곁들여서 기름에 볶아 만들어 먹는 것이었다. 필자가 중국에서 먹던 볶음밥은 우리의 비빔밥처럼 들어가는 재료가 다양하며, 먹고 싶은 재료를 고르면 즉석에서 만들어 준다. 보편적으로 사용하는 재료에는 달걀, 토마토, 돼지고기, 중국햄, 해물, 고추, 부추, 오이 등이 있다.

삼선짬뽕
三鮮炒碼 싼쌘짜장맨

재료

생면 150g, 죽순 20g, 양파 20g, 불린 해삼 20g, 배추 20g, 소금 10g, 중새우 20g, 청고추 1개, 파기름 15mL, 갑오징어 20g, 홍고추 1개, 고운 고춧가루 15mL, 참소라 20g, 대파 20g, 후춧가루 5g, 표고버섯 2장, 마늘 1쪽, 청탕(닭육수) 500mL, 청경채 1포기, 생강 5g, 청주 15mL

만드는 법

1 갑오징어는 칼집을 넣어 편 썰기로 자르고, 참소라는 이물질을 제거하고 편 썰기를 하고, 새우는 등의 내장을 요지로 제거하여 껍질을 분리한 후 소금물에 흔들어서 이물질을 제거한다. 불린 해삼은 편 썰기로 자른 후 모든 해물을 물에 깨끗이 세척하여 수분을 제거한다.

2 죽순, 청경채, 양파, 배추, 청고추, 홍고추, 표고버섯은 손질하여 편 썰기로 자른 후 물에 깨끗이 세척하여 수분을 제거한다.

3 생면을 팔팔 끓는 물에 넣고 삶은 다음 찬물에 깨끗이 씻어 건져 따뜻한 물에 데쳐 면 그릇에 담는다.

4 대파, 마늘, 생강은 깨끗이 손질하여 편으로 자른다.

5 팬에 파기름을 두르고 고운 고춧가루를 넣어 타지 않게 볶은 다음 대파, 마늘, 생강을 넣어 향을 낸 후 청주를 붓고 손질한 채소를 넣어 볶다가 ⅓쯤 숨이 죽으면 손질한 해물을 넣어 한 번 더 볶아준다. 이후 육수를 붓고 소금으로 간을 한 후 끓으면 면 위에 부어서 마무리한다.

Tip

맛있는 육수에 다양한 해산물과 신선한 채소를 센 불에 볶아 먹는 짬뽕은 잘못 끓이면 매운탕이 된다. 짬뽕육수가 재료와 어우러져 자연스러워야 되는데 고춧가루와 육수가 분리된다면 짬뽕이라고 할 수 없기 때문이다. 짬뽕은 끓이는 게 아니라 볶는 요리다.

쇠고기볶음면
牛肉炒麵 니우로우차오미엔

재료

생면 150g, 마늘 1쪽, 청탕(닭육수) 500mL, 쇠고기 80g, 생강 5g, 소금 10g, 죽순 20g, 대파 20g, 파기름 15mL, 표고버섯 2장, 달걀 1개, 청주 15mL, 청고추 1개, 전분(녹말가루) 50g, 후춧가루 2g, 홍고추 1개, 육수 100mL, 청경채 1뿌리, 간장 5mL

만드는 법

1 쇠고기는 채로 자른 후 전분, 달걀흰자, 간장, 후춧가루에 양념하여 기름에 튀긴다.

2 죽순, 청고추, 홍고추, 표고버섯은 손질하여 채 썰기로 자른 후 끓는 물에 살짝 데친다.

3 생면을 팔팔 끓는 물에 넣고 삶은 다음 찬물에 깨끗이 씻어 수분을 제거하고 기름에 볶아 접시에 담아낸다.

4 대파, 마늘, 생강은 깨끗이 손질하여 채 썬다.

5 팬에 파기름을 두르고 대파, 마늘, 생강을 넣어 향을 낸 후 청주, 후춧가루, 굴기름으로 맛을 낸다. 이후 손질한 채소를 넣어 볶다가 기름에 튀겨낸 쇠고기를 넣고 한 번 더 볶아준다. 그 다음에 육수를 붓고 전분으로 농도를 맞추고 참기름으로 마무리하여 볶은 면 위에 담아낸다.

Tip

1. 밀가루는 입자가 고우며 덩어리가 없고, 순백색에 우윳빛을 띠는 것이 좋다.

2. 밀가루는 열량이 높고, 탄수화물이 많아 과잉섭취하면 체내에서 에너지로 쓰고 남은 탄수화물이 지방으로 전환되어 축적되기 때문에 주의해야 한다.

3. 면을 삶을 때 끓어오르면 2~3번 정도 나누어 찬물을 첨가하면 면이 훨씬 더 쫄깃하게 익는다. 또한 면을 다 삶고 찬물에 헹굴 때 여분의 전분기를 없애야 맛이 더 좋아지고 쉽게 붇지 않는다.

단호박 시미로

南瓜西米露 난구아시미로

재료

단호박 80g, 바닐라파우더 5g, 시미(타피오카) 30g, 우유 120mL, 코코넛밀크 20mL, 설탕 50g

만드는 법

1 시미(타피오카)는 물에 불린 후 끓는 물에 넣으면 익은 시미(타피오카)가 투명해지면서 위로 뜬다. 이때 조리망을 이용하여 건져 얼음물에 담가 식힌다(얼음물에 담가 식히면 훨씬 식감이 좋은 시미를 얻을 수 있다).

2 단호박은 껍질과 씨를 제거하여 편으로 자른 후 찜통에 10분 정도 쪄서 식인 후 믹서에 아주 곱게 간다.

3 물 100mL에 설탕 50g을 넣어 약한 불에 올려서 $\frac{1}{2}$로 졸여 설탕시럽을 만든다.

4 그릇에 우유, 코코넛밀크, 설탕시럽, 곱게 간 단호박, 바닐라파우더를 넣어 잘 혼합한다.

5 차게 식힌 디저트 그릇에 단호박주스를 담고 그 위에 가지런히 시미로를 담아낸다.

Tip

1. 시미는 카사바나무 뿌리에서 채취한 녹말로 타피오카를 말한다. 보통 음료 위에 사용하는데 그 모습이 마치 아침이슬 같아서 이슬로(露)를 붙여 '시미로'라 한다.
2. 좋은 단호박은 색깔이 균일하게 짙고, 표면을 만져보면 단단하고 크기에 비해 묵직한 것이 좋다. 또한 단호박은 베타카로틴과 비타민이 풍부하여 시력보호와 감기예방에 좋다.

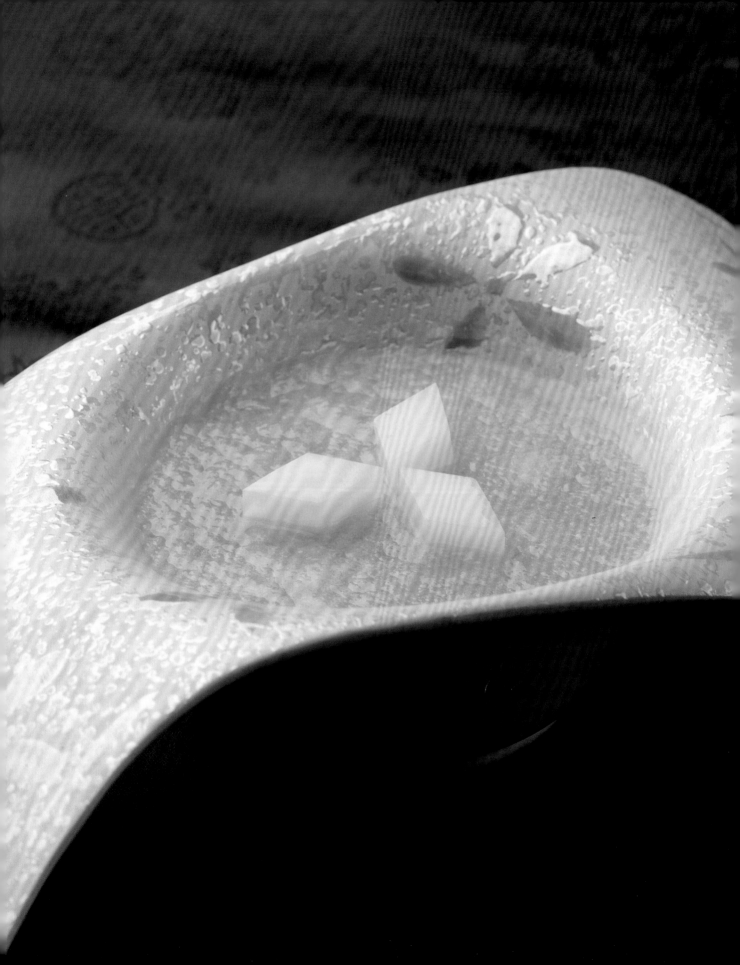

멜론 행인두부

甜瓜杏仁豆腐 타안구아씽런도우푸

재료

머스크멜론 80g, 젤라틴 15g, 우유 200mL, 아몬드 익스트랙 2mL, 설탕 30g, 온수 30mL, 코코넛밀크 30mL, 화이트와인 10mL, 설탕시럽 7mL, 탄산수 20mL

만드는 법

1   젤라틴은 중탕으로 녹인다.
2   냄비에 우유, 온수를 넣고 약한 불에 올려 따뜻해지면 설탕과 코코넛밀크를 넣고 잘 혼합시킨다. 그 다음에 젤라틴을 넣고 천천히 저어주면서 젤라틴을 우유 주스에 잘 스며들게 한다. 이후 아몬드 익스트랙을 넣고 불에서 내린다.
3   완성된 행인두부를 팬에 담아 완전히 식혀 원하는 모양대로 절단하여 사용한다.
4   멜론은 씨와 껍질을 제거하고 믹서에 곱게 간다.
5   믹싱 볼에 곱게 간 멜론, 화이트와인, 설탕시럽, 탄산수를 넣어 멜론주스를 만든다.
6   차게 식힌 디저트 그릇에 멜론주스를 담고 그 위에 가지런히 행인두부를 담아낸다.

Tip

머스크멜론은 향이 강한 네트멜론과 캔덜루프를 교잡하여 만든 과일로 맛있게 먹으려면 구입하여 바람이 잘 통하는 상온에 3일 정도 보관한 뒤 랩에 싸서 냉장고에 반나절 보관하여 두었다 먹는다. 이렇게 하면 당도는 높아지고 부드러우며 아삭아삭하다. 멜론은 베타카로틴, 비타민 C, 포타슘이 많아 항산화작용을 하여 우리 몸이 노화되는 것을 방지하는 영양학적 효능을 지닌다.

꽃빵
花卷 후아지엔

재료

강력분 80g, 물 320mL, 중력분 220g, 소금 3g, 이스트 7g, 참기름 3mL, 설탕 15g

만드는 법

1 중력분과 강력분을 체에 내려 고운 가루상태로 준비한다.

2 밀가루에 구멍을 세 군데 만들어 각각 이스트, 설탕, 소금을 넣어 서로 만나지 않게 반죽한다.

3 반죽이 다 되면 그릇에 넣어 1차 발효를 30분 동안 한다.

4 1차 발효가 끝나면 그릇에서 반죽을 꺼내어 가스를 뺀 후 중간 발효를 20분 동안 한다.

5 중간 발효가 끝나면 밀대로 밀어 사각형태로 만들어 가장자리에 참기름을 바른다.

6 완성된 사각형태의 반죽을 돌돌 말아 끝을 야무지게 봉합한다.

7 반죽을 5~6cm 크기로 잘라주고, 그 가운데를 젓가락으로 눌러 예쁜 꽃 모양으로 만든다.

8 김이 오르는 찜통에 7~8분 정도 찐다.

필자가 본 중국 현지인들이 꽃빵 만드는 법은 다음과 같다. 반죽을 말기 전에 밀대로 밀어서 사각형태로 만들고 난 후 참기름을 바르고 다진 대파를 뿌려서 돌돌 말아서 먹는다.

빠스사과
拔絲苹果 빠쓰핑과오

재료

사과 1개, 설탕 100g, 달걀 1개, 물 20mL, 밀가루 300g, 식용유 800mL

만드는 법

1 사과는 껍질을 벗겨 8등분하고 씨를 제거한다.

2 손질한 사과에 달걀을 묻히고 밀가루를 묻힌 다음 찬물에 담가 적신다. 이 과정을 3회 반복한다.

3 빈 접시에 기름을 발라 준비한다.

4 팬에 식용유를 넣고 온도를 올려 130℃ 정도 되면 준비한 사과를 빛깔 좋게 튀긴다.

5 팬에 기름을 두르고 설탕을 넣어 갈색의 설탕시럽을 만든다. 이후 튀긴 사과를 넣어 설탕시럽을 입히고 마무리로 찬물을 넣어 완성한다.

6 기름을 바른 접시에 설탕시럽을 입힌 튀긴 사과를 담아 차게 식혀 완성 그릇에 담아낸다.

Tip

1. 조리기능사는 빠스를 탕이라고 한다. 하지만 현장(주방)에서는 빠스라고 하며 탕은 수프 종류를 말한다.

2. 사과를 밀가루에 묻힐 때 찬물로 해도 되며 80℃ 정도의 뜨거운 물에 담가도 괜찮다. 사과 말고도 바나나, 은행 등으로 빠스를 많이 한다.

군만두
煎饺子 찌아오즈

재료

돼지고기 100g, 대파 30g, 후춧가루 3g, 양파 ⅓개, 생강 5g, 청주 15mL, 부추 100g, 간장 20mL, 물 50mL, 배추 2잎, 소금 10g, 식용유 100mL, 중력분 120g, 참기름 3mL

만드는 법

1. 중력분을 체에 내려 고운 가루상태로 준비한 후 끓는 물에 소금 3g을 넣어 밀가루에 붓고 익반죽해서 고루 치대어 젖은 천이나 비닐로 마르지 않게 덮어둔다.

2. 돼지고기는 곱게 다지고, 부추와 양파는 송송 썰고, 대파, 생강은 다지고, 배추는 대는 버리고 이파리만 준비하여 소금으로 숨을 죽이고 곱게 다져서 물기를 제거한다.

3. 돼지고기 다진 것에 간장, 청주, 후춧가루, 생강, 대파, 참기름을 넣어 밑간하여 골고루 버무린 후 준비한 채소를 혼합하여 만두속을 만든다.

4. 숙성이 끝난 밀가루 반죽은 길게 늘려 자두씨 크기로 잘라내어 밀대를 이용하여 지름 8cm 크기로 민다. 이 만두피 가운데에 만두속을 넣고 반으로 접어서 한 면만 주름이 들어가게 만두를 빚는다.

5. 김이 오르는 찜통에 5분 정도 찐 다음 식혀 놓는다.

6. 팬에 기름을 두르고 한김 식힌 후 만두를 담아 한 면만 굽다가 어느 정도 익으면 생수 1T를 넣고 뚜껑을 닫아 속까지 완전히 익힌다.

1. 만두의 원조는 제갈공명이다. 삼국지(三國志)에 보면 제갈공명이 남쪽 오랑캐, 곧 남만(南蠻)을 정벌하고 승리를 거둔 뒤 회군하면서 노수라는 강가에 이르렀을 때, 공명이 이끄는 군사들이 강을 막 건너려는 참에 홀연 일진광풍이 불어닥치더니 사람은 물론이고, 말과 수레까지도 날려버렸다고 한다. 대낮에 먹장구름이 하늘을 뒤덮어 지척을 분간할 수 없는데다 큰 비가 내려 강물이 순식간에 불어나는 바람에 군마는 우왕좌왕 어찌할 바를 모르고 있었다. 그러던 차에 현지 사정에 밝은 남만인 하나가 공명에게 나아가 아뢰기를 거듭되는 전란으로 숱한 인명이 죽어갔으니 하늘이 노한 것이라며, 사람의 머리를 바쳐 진노한 하늘을 달래는 수밖에 없다고 하였다. 공명은 더 이상 부하들의 목을 바쳐 희생을 더한다는 것은 군대를 이끄는 군사(軍師)가 할 노릇이 아니라고 생각하여 한 가지 꾀를 고안하였다. 사람의 고기 대신 양이나 돼지고기를 소로 넣어 밀가루 반죽에 싸되, 그것을 사람의 머리 모양으로 빚어 제사를 지내자는 것이었다. 만두(饅頭)라는 말은 기만(欺瞞)하다의 瞞과 같은 음에서 따온 饅와 머리모양을 나타내는 頭를 합친 것이다.

2. 한쪽만 익히는 이유는 만두를 먹었을 때 바삭한 맛과 부드러운 맛을 한꺼번에 느끼게 하기 위해서다.

찐만두
蒸饺子 쩡쩌아오즈

재료

돼지고기 100g, 대파 30g, 후춧가루 3g, 양파 ⅓개, 생강 5g, 청주 15mL, 부추 100g, 간장 20mL, 물 50mL, 배추 2잎, 소금 10g, 중력분 120g, 참기름 3mL

만드는 법

1 중력분을 체에 내려 고운 가루상태로 준비한 후 끓는 물에 소금 3g를 넣어 밀가루에 붓고 익반죽해서 고루 치대어 젖은 천이나 비닐로 마르지 않게 덮어 둔다.

2 돼지고기는 곱게 다지고, 부추와 양파는 송송 썰고, 대파, 생강은 다지고, 배추는 대는 버리고 이파리만 준비하여 소금으로 숨을 죽이고 곱게 다져서 물기를 제거한다.

3 돼지고기 다진 것에 간장, 청주, 후춧가루, 생강, 대파, 참기름을 넣어 밑간하여 골고루 버무린 후 준비한 채소를 혼합하여 만두속을 만든다.

4 숙성이 끝난 밀가루 반죽은 길게 늘려 자두씨 크기로 잘라내어 밀대를 이용하여 지름 8cm 크기로 민다. 이 만두피 가운데에 만두속을 넣고 반으로 접어서 주름이 들어가게 만두를 빚는다.

5 김이 오르는 찜통에 8분 정도 쪄서 접시에 담는다.

1. 만두의 또다른 유래는 다음과 같다. 중국 삼국시대에 제갈공명이 위의 맹획을 공격할 때, 어떤 사람이 "남만(남쪽 오랑캐)에서는 사람을 죽여서 그 머리를 제물로 하여 제사를 지내는 풍속이 있는데, 그러면 신이 음병(은밀하게 도움을 주는 병사)을 보내 준다고 합니다."라고 하였다. 제갈공명은 그대로 하지 않고 양고기와 돼지고기를 섞어 소를 만들고 밀가루로 싸서 사람의 머리 모양을 만들어 신에게 제사를 지냈다. 후세 사람들이 이것을 '남만의 머리'라는 의미로 '만두'라 부른 것이 음식 명칭이 된 것이다.

2. 만두피 반죽을 끓는 물에 익반죽을 하면 만두의 형태를 잡은 다음 찌거나 끓인 후에도 형태의 변화가 일어나지 않는다.

중국식 칡냉면
葛藤冷麵 게텅렁미안

재료

칡생면, 작은 새우 6마리, 오이 30g, 오향장육 30g, 무순이 15g, 대파 20g, 생강 5g, 파기름 15g, 당근 50g, 달걀 1개, 불린 해삼 30g

냉면육수 생수 500mL, 간장 50mL, 식초 10mL, 레몬즙 5mL, 설탕 15mL, 참기름 5mL, 땅콩버터 30mL, 지마장(깻묵장) 30mL

칡생면 만들기 밀가루 300g, 칡즙 50g, 물 50g, 소금 15g, 식소다 5g, 달걀 1개

만드는 법

1 그릇에 분량의 칡생면 재료를 혼합하여 반죽을 만들고, 15분 정도 숙성시킨 다음 면기계를 이용하여 칡생면을 뽑는다.

2 칡생면을 팔팔 끓는 물에 넣고 삶은 다음 찬물에 깨끗이 씻어 건져 얼음물에 담가 차게 해서 면그릇에 담는다.

3 냉면 위에 올라가는 부재료인 오이는 소금으로 깨끗이 손질하여 채로 준비하고, 무순이는 찬물에 깨끗이 손질하여 가지런히 준비하고, 오향장육은 채로 준비하고, 새우는 등의 내장을 요지로 제거하여 껍질을 분리한 후 소금물에 흔들어서 이물질을 제거한 후 삶아 반으로 썰어 준비하고, 당근은 껍질 제거 후 채 썬다. 달걀은 흰자, 노른자를 구분하여 지단을 만들어 채 썬다. 불린 해삼은 깨끗이 손질 후 채 썬다.

4 팬에 파기름을 두르고 대파와 생강이 갈색이 될 때까지 볶은 후 여기에 냉면육수의 재료를 넣어 육수를 만든다. 이후 소청에 걸러 기름과 이물질을 제거하고 식으면 냉면육수로 사용한다.

5 냉면 그릇에 칡면을 담고 그 위에 부재료(오이, 무순이, 새우, 해삼, 황백지단, 오향장육, 당근)를 색 배합이 맞게 올린 뒤 냉면육수를 가지런히 붓는다.

Tip

1. 중국식 냉면의 특징은 육수에 겨자랑 땅콩버터를 타서 먹는 것이다. 이렇게하면 육수가 자극적이면서도 부드럽고 고소한 맛이 난다.

2. 중국에는 우리가 알고 있는 찬 면요리인 냉면이 없다. 중국에서 쉽게 접할 수 있는 냉면은 조선족이 만들어 먹는 이북식 냉면으로 이것은 현지인의 입맛에 맞게 변형된 요리이다.

부록

중국요리 전문용어

조미식품재료의 중국어 명칭

우샹피엔[五香粉: 오향가루]	후지아오[胡椒: 통후추]
시안나이요우[鮮奶油: 생크림]	바이후지아오펀[白胡椒粉: 흰 후춧가루]
미엔펀[麵粉: 밀가루]	헤이후지아오[黑胡椒粉: 검은후춧가루]
닝멍즈[柠檬汁: 레몬즙]	후지아오펀[胡椒粉: 후춧가루]
딴후앙지앙[蛋黃醬: 마요네즈]	라유[辣油: 고추기름]
밍지아오[明胶: 젤라틴]	더우요우[豆油: 콩기름]
탕[糖: 설탕]	화성요우[花生油: 땅콩기름]
바이탕[白糖: 흰 설탕]	차이요우[菜油: 채종유]
빙탕[氷糖: 얼음설탕]	황요우[黃油: 버터]
펑미[蜂蜜: 꿀]	즈마요우[芝麻油: 참기름]
훙탕[紅糖: 붉은 설탕]	뉴요우[牛油: 쇠기름]
후아지아오펀[花椒粉: 산초가루]	주요우[猪油: 돼지기름]
저우[酎: 술]	총요우[蔥油: 파기름]
치엔펀[澱粉: 전분]	스용요우[食用油: 식용유]
춘지앙[春醬: 춘장]	샤요우[蝦油: 새우기름]
칭지우[淸酒: 청주]	샤루[蝦: 새우젓]
옌[鹽: 소금]	더우반장[豆瓣醬: 고추장]
셴옌[鹹鹽: 소금]	더우푸츠[豆腐: 청국장]
추[醋: 식초]	푸루[腐乳: 순두부]
지앙요우유[醬油: 간장]	장더우푸[醬豆腐: 두부장]
더우장[豆醬: 된장]	하오요우[油: 굴기름]
지마장[芝麻醬: 깨장]	라오또우요우[老豆油: 노두유]
판치에지앙[番茄醬: 토마토케첩]	단바이[蛋白: 달걀흰자]
라자오[辣椒: 고추]	단후앙[蛋黃: 달걀노른자]
홍라자오[紅辣椒: 붉은 고추]	렝수웨이[冷水: 냉수]
칭라자오[靑辣椒: 풋고추]	러우탕[肉湯: 육수]

조리법에 따른 용어

(1) 둥[凍]: 응고시켜 만드는 법(서양요리의 젤리와 같다)이다.

(2) 조우[粥]: 죽처럼 만드는 법이다.

(3) 탕차이[湯菜]: 국처럼 끓이는 법이다.

(4) 차오차이[炒菜]: 재료를 소량의 기름에 볶는 방법인데, 여기에는 3가지 방법이 있다.

　　① 칭차오[淸炒]는 재료에 아무것도 묻히지 않고 볶는 법

　　② 간차오[乾炒]는 재료에 옷을 입혀 튀긴 다음 다른 재료와 같이 볶아 내는 법

　　③ 징차오[京炒]는 간차오와 같은 방법으로 녹말 이외에 달걀흰자를 재료에 바르고 녹말가루를 묻혀
　　　튀긴 다음 다른 재료와 함께 볶는 법

(5) 자차이[炸菜]: 기름에 튀기는 방법이다.

　　① 간자[乾炸]는 재료에 튀김옷을 입혀 튀기는 법

　　② 칭자[淸炸]는 재료에 녹말을 씌우지 않고 그대로 튀기는 방법

　　③ 가오리[高麗]는 흰색으로 가볍게 튀기는 법으로 달걀흰자에 거품을 만든 후 녹말가루를 약간 섞어
　　　입혀 튀기는 것으로 착색이 되지 않도록 주의한다.

(6) 젠[煎]: 약간의 기름에 지져 내는 법으로 한국의 전(煎)과 같은 조리법이다.

(7) 먼(燜): 약한 불에서 재료를 오래 끓여 달여 내는 법이다.

(8) 카오(烤): 불에 직접 굽는 법이다.

(9) 둔[燉]: 주재료에 국물을 부어 쪄내는 법이다.

(10) 먼[爛]: 약한 불에다 서서히 연하게 익혀 내는 법이다.

(11) 훼이[烩(燴)]: 볶은 후에 소량의 물과 전분을 넣어 끓이는 방법이다.

　　① 칭훼이[淸燴]: 녹말을 사용하지 않는다.

　　② 바이훼이[白燴]: 녹말을 조금 사용하는 방법

　　③ 홍훼이[紅燴]: 간장이나 황설탕을 넣고, 녹말농도를 진하게 한다.

(12) 쉰[燻]: 연기를 이용하는 훈제법이다.

(13) 정[蒸]: 식품재료를 증기로 쪄서 익히는 조리방법이다.

요리 형태에 따른 용어

(1) 완쯔[丸子]: 완자와 같이 둥글게 만든 것이다.

(2) 쥐안[捲]: 재료를 말아서 만든 것이다.

(3) 취안[全]: 재료를 통째로 다룬 것이다.

(4) 냥[釀]: 재료의 속을 비우고 그 안에 다른 재료를 섞어 넣은 것이다.

(5) 바오[包]: 소를 껍질로 싼 것이다.

(6) 파이구[排骨]: 뼈가 있는 재료로 만든 것이다.

(7) 핑빙[平餠]: 둥글고 얇게 지져낸 것이다.

(8) 위안샤오[元宵]: 쌀가루나 기타 녹말로 둥글게 빚어 만든 것이다.

재료의 배합방법에 따른 용어

(1) 후이[會]: 녹말가루를 연하게 풀어 넣어 만든 것이다.

(2) 촨[川]: 찌개와 같은 조리법으로 국물이 적고 건더기가 많은 것이다.

(3) 겅[羹]: 국물에 녹말 등을 넣어 걸쭉하게 만든 것이다.

(4) 류[溜]: 달콤한 녹말 소스를 얹어 만든 것이다.

(5) 조우[酎]: 술을 사용한 요리이다.

(6) 싼쓰[三絲]: 3가지 재료를 가늘게 채로 썰어 만든 요리이다.

(7) 싼셴[三鮮]: 3가지 재료를 써서 만든 요리이다.

(8) 싼펜[三片]: 3가지 재료를 골패쪽 모양으로 썰어 만든 요리이다.

(9) 싼딩[三丁]: 3가지 재료를 정육면체로 썰어 만든 요리이다.

(10) 쓰바오[四寶]: 4가지 진귀한 재료를 사용한 요리이다.

(11) 바바오[八寶]: 8가지 진귀한 재료를 사용하여 만든 요리이다.

(12) 우샹[五香]: 5가지 향료를 사용한 요리이다.

(13) 스징[十景, 什錦]: 10가지 재료를 사용한 요리이다.

(14) 바이징[白景]: 한국의 신선로와 같이 여러 귀한 재료를 사용한 요리로, 휘궈쯔[火鍋子] 같은 요리를 말한다.

중국 요리의 일반 재료

육류

猪肉(쮸-로): 돼지고기, 보통 肉이라 함

后肘(호우조우): 돼지 허벅지

牛肉(뉴-로): 쇠고기

排骨(파이구): 돼지갈비

五花肉(우호아로): 삼겹살

洋肉(양로): 양고기

鷄肉(지-로): 닭고기　　鸡杂(지자): 닭내장

鸡脯肉(지푸로): 닭가슴살　　鸡腿儿(지튀이러): 닭다리살

鸡翅(지츠): 닭날개살　　鸭子(야즈): 오리

鸭肉(야-로): 오리고기　　烤鸭(카오야): 통오리구이

鸽子(거즈): 비둘기　　麻雀(마췌): 참새

鹌鹑(추언): 메추리　　鹌鹑蛋(추언단): 메추리알

食用青蛙(시용치와): 식용개구리　　鸡蛋(찌이단): 달걀

해물

螃蟹(팡시에): 게　　海蔘(하이슨): 해삼　　鮑魚(뻐우위이): 전복

明蝦(밍-샤): 왕새우　　蝦仁(샤-인): 새우　　大蝦(따샤): 큰 새우

蟹粉(쎼-훈): 게살　　鮃魚(핑-위): 가자미　　带魚(따이-위): 갈치

带子(따이-즈): 가리비　　蛤蜊(허-리): 대합　　黑魚(머-위): 오징어

黃魚(황-위): 조기　　鲤鱼(리-위): 잉어　　蚝(하오): 굴

干贝(간베이): 말린 패주　　鲨鱼(샤-위): 상어　　海螺(샹로우): 소라

과일 · 채소

白菜(빠이차이): 배추　　豆芽菜(또야차이): 콩나물　　青椒(칭쩌-): 피망(청고추)

紅椒(홍쩌-): 홍고추　　蘭花(란-화): 모란채　　西兰花(시란후아): 브로콜리

土豆(튜도우): 감자　　香菇(시앙꾸): 표고버섯　　地豆(띠또우): 감

南瓜(난-꽈): 호박　　地瓜(띠-꽈): 고구마　　竹筍(쮸-순): 죽순

豆沙(또우-싸): 팥　　土卵(토우위): 토란　　黃瓜(황-꾸아): 오이

山葯(산-위에): 마　　包米(뻐우-미): 옥수수　　芝麻(쯔-마): 참깨

銀杏(인-싱): 은행　　青菜(칭차이): 푸른 야채　　胡蘿具(후로베): 당근

蘿具(로-베): 무　　木耳(무-알): 목이버섯　　龍眼(롱-앤): 용안열매

合桃(허-터우): 호도　　杏仁(싱인): 살구　　栗子(리-즈): 밤

西瓜(시-꽈): 수박　　蜜瓜(미꽈): 멜론　　梨(리-): 배

挑子(터어즈): 복숭아　　香蕉(샹찌아오): 바나나　　蔻蔻(코우코우): 코코아

葡萄(푸타오): 포도　　橘子(주즈): 귤　　柿子(스즈): 감

石榴(즈리우): 석류　　芒果(망구오): 망고　　菠萝(보루오): 파인애플

중식조리기능사 시험요령

출제기준(필기)

직무분야	음식 서비스	중직무분야	조리	자격종목	중식조리기능사

○직무내용 중식조리 부분에 배속되어 제공될 음식에 대한 계획을 세우고 조리할 재료를 선정, 구입, 검수, 보관
및 저장하며 적절한 조리기구를 선택하여 영양적이고 위생적인 음식을 제공하는 직무
조리시설 및 기구를 위생적으로 관리·유지하는 직무

필기검정방법	객관식	문제수	60	시험시간	1시간

필기과목명	문제수	주요항목	세부항목	세세항목
식품위생 및 관련 법규, 식품학, 조리이론과 원가계산, 공중보건	60	1. 식품위생개론	1. 식품위생의 의의	1. 식품위생의 의의
			2. 식품과 미생물	1. 미생물의 종류와 특성 2. 미생물에 의한 식품의 변질 3. 미생물 관리 4. 미생물에 의한 감염과 면역
		2. 식중독	1. 세균성 식중독	1. 세균성 식중독의 특징 및 예방대책
			2. 자연독 식중독	1. 자연독 식중독의 특징 및 예방대책
			3. 화학성 식중독	1. 화학성 식중독의 특징 및 예방대책
			4. 곰팡이 독소	1. 곰팡이 독소의 특징 및 예방대책
		3. 식품과 감염병	1. 경구감염병	1. 경구감염병의 특징 및 예방대책
			2. 인수공통감염병	1. 인수공통감염병의 특징 및 예방대책
			3. 식품과 기생충병	1. 식품과 기생충병의 특징 및 예방대책
			4. 식품과 위생동물	1. 위생동물의 특징 및 예방대책
		4. 살균 및 소독	1. 살균 및 소독	1. 살균 및 소독
		5. 식품첨가물	1. 식품첨가물	1. 식품첨가물 일반정보 2. 식품첨가물 규격기준
		6. 유해물질	1. 유해물질	1. 중금속 2. 조리 및 가공에서 기인하는 유해물질
		7. 식품위생관련법규	1. 식품위생관련법규	1. 총칙 2. 식품 및 식품첨가물 3. 기구와 용기·포장 4. 표시 5. 식품 등의 공전 6. 검사 등 7. 영업 8. 조리사 및 영양사 9. 시정명령·허가취소 등 행정제재 10. 보칙 11. 벌칙
		8. 식품위생관리	1. HACCP, PL 등	1. HACCP, PL 등의 개념 및 관리
			2. 개인위생관리	1. 개인위생관리
			3. 조리장의 위생관리	1. 조리장의 위생관리
		9. 공중보건	1. 공중보건학의 개념	1. 공중보건학의 개념
			2. 환경위생 및 환경 오염	1. 일광 2. 공기 및 대기오염 3. 상하수도, 오물처리 및 수질오염 4. 소음 및 진동 5. 구충구서

(계속)

필기과목명	문제수	주요항목	세부항목	세세항목
식품위생 및 관련 법규, 식품학, 조리이론과 원가계산, 공중보건	60	9. 공중보건	3. 산업보건	1. 산업보건의 개념과 직업병 관리
			4. 역학 및 감염병관리	1. 역학 일반 2. 급만성감염병관리
			5. 보건관리	1. 보건행정 2. 인구와 보건 3. 보건영양 4. 모자보건, 성인 및 노인보건 5. 학교보건
		10. 식품학	1. 식품학의 기초	1. 식품의 기초식품군
			2. 식품의 일반성분	1. 수분 2. 탄수화물 3. 지질 4. 단백질 5. 무기질 6. 비타민
			3. 식품의 특수성분	1. 식품의 맛 2. 식품의 향미(색, 냄새) 3. 식품의 갈변 4. 기타 특수성분
			4. 식품과 효소	1. 식품과 효소
		11. 조리과학	1. 조리의 의의	1. 조리의 정의 및 목적
			2. 조리의 기초지식	1. 조리의 준비조작 2. 기본조리법 및 다량조리기술
			3. 식품의 조리원리	1. 농산물의 조리 및 가공·저장 2. 축산물의 조리 및 가공·저장 3. 수산물의 조리 및 가공·저장 4. 유지 및 유지 가공품 5. 냉동식품의 조리 6. 조미료 및 향신료
		12. 단체급식	1. 단체급식의 의의	1. 단체급식의 의의
			2. 영양소 및 영양섭취 기준, 식단작성	1. 영양소 및 영양섭취기준, 식단작성
			3. 식품구매 및 재고관리	1. 식품구매 및 재고관리
			4. 식품의 검수 및 식품 감별	1. 식품의 검수 및 식품감별
			5. 조리장의 시설 및 설비 관리	1. 조리장의 시설 및 설비 관리
		13. 원가계산	1. 원가의 의의 및 종류	1. 원가의 의의 및 종류 2. 원가분석 및 계산

출제기준(실기)

직무분야	음식 서비스	중직무분야	조리	자격종목	중식조리기능사

○ **직무내용**

중식조리 부분에 배속되어 제공될 음식에 대한 계획을 세우고 조리할 재료를 선정, 구입, 검수, 보관 및 저장하며 적절한 조리기구를 선택하여 영양적이고 위생적인 음식을 제공하는 직무
조리시설 및 기구를 위생적으로 관리·유지하는 직무

○ **수행준거**

1. 중식의 고유한 형태와 맛을 표현할 수 있다.
2. 식재료의 특성을 이해하고 용도에 맞게 손질할 수 있다.
3. 레시피를 정확하게 숙지하고 적절한 도구 및 기구를 사용할 수 있다.
4. 기초조리기술을 능숙하게 할 수 있다.
5. 조리과정이 위생적이고 정리정돈을 잘 할 수 있다.

○ **수험자 공통 유의사항**

1. 조리작품 만드는 순서는 틀리지 않게 하여야 한다.
2. 숙련된 기능으로 맛을 내야 하므로 조리작업 시 음식의 맛을 보지 않는다.
3. 지정된 수험자지참준비물 이외의 조리기구나 재료를 시험장 내에 지참할 수 없다.
4. 지급재료는 시험 전 확인하여 이상이 있을 경우 시험위원으로부터 조치를 받고 시험도중에는 재료의 교환 및 추가지급은 하지 않는다.

실기검정방법	작업형	시험시간	1시간 정도

실기과목명	주요항목	세부항목	세세항목
중식조리 작업	1. 기초조리작업	1. 식재료별 기초 손질 및 모양 썰기	1. 식재료를 각 음식의 형태와 특징에 알맞도록 손질할 수 있다.
	2. 전채요리	1. 오징어냉채 조리하기	1. 주어진 재료를 사용하여 요구사항대로 오징어 냉채를 조리할 수 있다.
		2. 해파리냉채 조리하기	1. 주어진 재료를 사용하여 요구사항대로 해파리 냉채를 조리할 수 있다.
		3. 양장피잡채 조리하기	1. 주어진 재료를 사용하여 요구사항대로 양장피 잡채를 조리할 수 있다.
		4. 기타 조리하기	1. 기타 전채요리를 조리할 수 있다.
	3. 튀김요리	1. 라조기 조리하기	1. 주어진 재료를 사용하여 요구사항대로 라조기를 조리할 수 있다
		2. 깐풍기 조리하기	1. 주어진 재료를 사용하여 요구사항대로 깐풍기를 조리할 수 있다.
		3. 난자완스 조리하기	1. 주어진 재료를 사용하여 요구사항대로 난자완스를 조리할 수 있다.
		4. 새우케첩볶음 조리하기	1. 주어진 재료를 사용하여 요구사항대로 새우케첩볶음을 조리할 수 있다.

(계속)

실기과목명	주요항목	세부항목	세세항목
중식조리 작업	3. 튀김요리	5. 홍쇼두부 조리하기	1. 주어진 재료를 사용하여 요구사항대로 홍쇼두부를 조리할 수 있다.
		6. 탕수육 조리하기	1. 주어진 재료를 사용하여 요구사항대로 탕수육을 조리할 수 있다.
		7. 탕수생선살 조리하기	1. 주어진 재료를 사용하여 요구사항대로 탕수생선살을 조리할 수 있다.
		8. 짜춘권 조리하기	1. 주어진 재료를 사용하여 요구사항대로 짜춘권을 조리할 수 있다.
		9. 기타 조리하기	1. 기타 튀김요리를 조리할 수 있다.
	4. 볶음요리	1. 채소볶음 조리하기	1. 주어진 재료를 사용하여 요구사항대로 채소볶음을 조리할 수 있다.
		2. 마파두부 조리하기	1. 주어진 재료를 사용하여 요구사항대로 마파두부를 조리할 수 있다.
		3. 고추잡채 조리하기	1. 주어진 재료를 사용하여 요구사항대로 고추잡채를 조리할 수 있다.
		4. 부추잡채 조리하기	1. 주어진 재료를 사용하여 요구사항대로 부추잡채를 조리할 수 있다.
		5. 기타 조리하기	1. 기타 볶음요리를 조리할 수 있다.
	5. 수프류	1. 새우완자탕 조리하기	1. 주어진 재료를 사용하여 요구사항대로 새우완자탕을 조리할 수 있다.
		2. 달걀탕 조리하기	1. 주어진 재료를 사용하여 요구사항대로 달걀탕을 조리할 수 있다.
		3. 기타 조리하기	1. 기타 수프류를 조리할 수 있다.
	6. 면류	1. 물만두 조리하기	1. 주어진 재료를 사용하여 요구사항대로 물만두를 조리할 수 있다.
		2. 기타 조리하기	1. 기타 면류를 조리할 수 있다.
	7. 후식류	1. 빠스고구마 조리하기	1. 주어진 재료를 사용하여 요구사항대로 고구마탕을 조리할 수 있다.
		2. 빠스옥수수 조리하기	1. 주어진 재료를 사용하여 요구사항대로 옥수수탕을 조리할 수 있다
		3. 기타 조리하기	1. 기타 후식류를 조리할 수 있다.
	8. 담기	1. 그릇 담기	1. 적절한 그릇에 담는 원칙에 따라 음식을 모양 있게 담아 음식의 특성을 살려 낼 수 있다.
	9. 조리작업관리	1. 조리작업 위생관리하기	1. 조리복·위생모 착용, 개인위생 및 청결 상태를 유지할 수 있다. 2. 식재료를 청결하게 취급하며 전 과정을 위생적으로 정리정돈하며 조리할 수 있다.

참고문헌

김희기(2010). 만들기 쉬운 중국요리. 교문사.

모조강(2012). 차이니즈 퀴진. 대왕사.

이무형(2009). 중국 음식 시대별 변천사에 관한 연구. 경기대.

이면희(2001). 이면희의 중국요리. 조선일보사.

장징 지음 · 박해순 옮김(2002). 공자의 식탁. 뿌리와 이파리.

조성문(2012). 최신중국요리. 백산출판사.

정윤두(2009). 호텔중국조리. 백산출판사.

중산시자(1997). 중국요리대전(사천편). 소학관.

중산시자(1997). 중국요리대전(산동편). 소학관.

중산시자(1997). 중국요리대전(광동편). 소학관.

중산시자(1997). 중국요리대전(강소편). 소학관.

추적생(2008). 창업을 위한 중국요리. 지구문화사.

차원(2011). 조리기능장이 전하는 중식조리. 미림원.

최옥자(2001). 중국조리. 효일.

한국식품조리과학회(2007). 식품조리과학 용어사전. 교문사.

찾아보기

저자소개

이무형

경기대학교 관광학 박사
대한민국 조리기능장
중식조리명인(제2호)
한국산업인력공단 중식조리기능사 ·
중식조리산업기사 · 중식조리기능장 실기 심사위원
현재 호남대학교 보건과학대학 조리과학과 교수

하헌수

가천대학교 경영학 박사
대한민국 조리기능장
한국산업인력공단 중식조리산업기사 ·
중식조리기능장 실기 감독위원
한국기술자격검정원 중식조리기능사 실기 감독위원
현재 경주대학교 외식조리학부 교수

개정판

CHINESE CUISINE

맛있는 **중국요리**

2013년 3월 2일 초판 발행 | 2015년 2월 13일 개정판 발행

지은이 이무형 외 | **펴낸이** 류제동 | **펴낸곳 교문사**

전무이사 양계성 | **편집부장** 모은영 | **책임진행** 정혜재 | **본문디자인** 이연순 | **표지디자인** 다오멀티플라이

제작 김선형 | **홍보** 김미선 | **영업** 이진석·정용섭 | **출력·인쇄** 동화인쇄 | **제본** 한진제본

주소 (413-120) 경기도 파주시 문발로 116 | **전화** 031-955-6111 | **팩스** 031-955-0955

홈페이지 www.kyomunsa.co.kr | **E-mail** webmaster@kyomunsa.co.kr

등록 1960. 10. 28. 제406-2006-000035호

ISBN 978-89-363-1467-5 (93590) | **값** 24,000원